营养师教你做烤箱菜

钱多多 主编

黑龙江科学技术出版社
HEILONGJIANG SCIENCE AND TECHNOLOGY PRESS

图书在版编目（CIP）数据

营养师教你做烤箱菜 / 钱多多主编 . -- 哈尔滨：
黑龙江科学技术出版社，2019.1
ISBN 978-7-5388-9878-1

Ⅰ . ①营… Ⅱ . ①钱… Ⅲ . ①电烤箱－菜谱 Ⅳ .
① TS972.129.2

中国版本图书馆 CIP 数据核字 (2018) 第 235824 号

营 养 师 教 你 做 烤 箱 菜
YINGYANGSHI JIAO NI ZUO KAOXIANG CAI

作 者	钱多多	
项目总监	薛方闻	
责任编辑	马远洋	
策 划	深圳市金版文化发展股份有限公司	
封面设计	深圳市金版文化发展股份有限公司	
出 版	黑龙江科学技术出版社	
	地址：哈尔滨市南岗区公安街 70-2 号　邮编：150007	
	电话：（0451）53642106　传真：（0451）53642143	
	网址：www.lkcbs.cn	
发 行	全国新华书店	
印 刷	深圳市雅佳图印刷有限公司	
开 本	723 mm × 1020 mm　1/16	
印 张	14	
字 数	240 千字	
版 次	2019 年 1 月第 1 版	
印 次	2019 年 1 月第 1 次印刷	
书 号	ISBN 978-7-5388-9878-1	
定 价	49.80 元	

本社常年法律顾问：黑龙江大地律师事务所 计军 张春雨

PREFACE
序言

　　美食，无论在什么时候都是圈粉的话题，在营养师的眼里也不例外。唯一不同的是，如何把美食做得既营养又美味是我们营养师一直在践行的工作之一。营养又好吃的菜肴，除了选对健康新鲜的食材是关键之外，烹调过程中选择的厨房用具也是制胜法宝。本书中就详细地为大家介绍了关于烤箱日常使用的方法，关键是让人爱不释手的方面在于本书中集合了众多烤箱美食的制作方法，一学就会，一试便会爱上这本烤箱美食集锦。

　　这本书的主角毫无悬念就是烤箱。烤箱作为时下流行的厨房家电之一，早已经不是什么稀罕少见的物件。很多家庭都会选择购买来制作烤箱美食。在购买时本着对烤箱美食的憧憬，但是发现烤箱真的搬回家后，利用率实在没有想象的那么高，除了日常烤个肉，简单地做个小西点，面对烤箱自己的厨艺显得如此"江郎才尽"，真的无法想象该如何利用烤箱制作出更多美味营养又健康的美食。而作为营养师而言，则会脑洞大开，充分利用食物之间的搭配组合、营养互补、味道之间的奇妙化学反应等的原则，借助烤箱制作美食独特的优势，拉开了居家烤箱美食的"交响曲"。无论您是零基础的厨房新手，还是热爱美食的厨房高手，都会在这本书中找到适合您的最爱。

　　生活有时候就是这样，每天在忙碌中体味着家的味道，而家的味道里永远都会弥漫着幸福的佳肴滋味。而这些滋味，从您开始触摸这本书开始，就又增添了一种耐人寻味的香。

　　从此爱上制作烤箱美食吧，在宣泄的都市生活里，品味这放下脚步后有滋有味的厨房生活。从爱上这本烤箱美食锦集开始……

2018年11月

CONTENTS

目录

Part 1 烤箱菜的入门第一课

Part 2 四季鲜蔬的美妙协奏

Part 3 田园鲜果的甜蜜现身

Part 4   滋味肉食的花样比拼

Part 5 鱼虾海鲜的粉墨登场

Part 1

1

烤箱菜的入门第一课

要想烤箱菜做得喷香美味颜值高，怎能不充分认识自己的好帮手烤箱呢？无论烤箱于你是新鲜事物，还是你早已浅尝烤箱的魔力，都不妨试听这一入门第一课。

选购烤箱有讲究

拥有一台合适的烤箱，对于菜肴的烘烤可谓至关重要，如果你还没为家里添置烤箱，就要好好上这堂课了。选对适合自家的烤箱，不仅省时、省心、省力，可能还能把电也给省了。

● 功能类型

普通简易型烤箱	控温定时型烤箱	三控自动型烤箱
新手友好度 ★★ 价格友好度 ★★★★★ 性价比 ★★★	新手友好度 ★★★★ 价格友好度 ★★★★ 性价比 ★★★	新手友好度 ★★★★★ 价格友好度 ★★ 性价比 ★★★
烤箱的温度和时间 需要手动控制 价格较低	功能较齐全 性价比较高	三控即定时、控温、调功率 烘烤功能俱全 价格较昂贵
适合偶尔想要烘烤食物的家庭，但不太适合烤箱新手	满足一般家庭日常 烘烤食物的需求	喜欢烘烤食物，且经常使用 不同的烘烤方式的家庭

● 功率选择

烤箱的功率一般在 500~1200W，所以在选购烤箱时，首先要考虑到家中所用电度表的容量及电线的承载能力。其次，要结合家庭情况和烤箱使用情况考虑。如果是家庭人员少且不常烘烤食物的家庭，可以选择功率为 500~800W 的烤箱；如果是家庭人员多且经常烘烤大件食物的家庭，则可选择功率为 800~1200W 的烤箱。特别提醒，烤箱并不是功率越小越好，大功率的烤箱升温速度快、热能损耗少，反而会比较省电。

● 容量规格

　　家用烤箱的容量一般是从 9 升至 60 升不等,所以在选择家用烤箱的容量规格时,必须要充分考虑到自己主要用烤箱来烘烤什么。如果只是用来做少量烘焙, 12 升的烤箱就足够了;如果要用来烤肉、做大餐或者开烧烤派对, 则要尽可能选择大容量的产品,用于烤全鸡时需 30 升或以上的容量。对于烘焙爱好者来说,尽量选择 25升以上的烤箱, 烤箱容量越大, 箱体内温度偏低且温度均匀, 烘焙出来的食物质量就越高。一般来说,新手的话 25 升至 36 升的烤箱就足够。

● 选购细节

　　步骤 1:想要选购一台好的烤箱,不仅要检查其外观是否完好无痕, 还要检查烤箱是否密封良好, 密封性好的烤箱才能减少热量的散失。

　　步骤 2:要仔细试验箱门的润滑程度, 箱门太紧会在打开时不小心会烫伤人,箱门太松则可能会在使用途中不小心食物会脱落。

　　步骤 3:选购烤箱时, 还应选择有上下两个加热管和三个烤盘位, 而且可控温的烤箱。

　　步骤 4:最好选择有钢化大玻璃门和照明灯的烤箱, 这样就可以清楚查看到食物的烘烤情况。

新手使用烤箱第一课

给家里添置了烤箱的新手们，你们真的看看说明书就知道烤箱怎么用了吗？还是连说明书都没翻看，就直接跟着菜谱做起烤箱菜了呢？看似简易操作的烤箱的使用注意事项，可是一点也不少呢，使用时的你真的注意了吗？

● 使用烤箱的常规步骤

步骤1:将待烘烤的食品放入烤盘内。

步骤2:插上电源插头，将转换开关拧至满负荷档，即上下加热同时通电，并将调温器拧至所需的温度位置。经过一定时间，指示灯熄灭，表示烤箱已达到预热温度。

步骤3:用隔热手套将已放有待烘烤食品的烤盘放进烤箱内，关上烤箱门。

步骤4:需要自动定时控制时，将定时器拧至预定的烘烤时间；若不需要自动定时控制，则将定时器拧至"长接"的位置。

步骤5:烘烤过程中应随时观察食品各部分受热是否均匀，必要时用隔热手套将烤盘调转方向。

步骤6:当烘烤到达预定时间内，将转换开关、调温器转回"关"位置，拔去电源插头，取出食品即可。

● 使用烤箱的注意事项

1. 在使用烤箱之前，先将烤箱放置在平稳的隔热水平桌面上，同时周围应预留足够的空间，保证烤箱表面到其他物品至少 10 厘米的距离。烤箱不要放在靠近水源的地方，因为烤箱在工作时，整体温度都很高，如果碰到水，会造成温差，从而影响到食物的烘烤效果。使用烤箱时，烤箱顶部不能放置任何物品，避免在其运作过程中产生不良影响。

2. 可放入烤箱中的容器：耐热玻璃容器、耐热陶瓷容器、瓷器、金属容器、珐琅容器、铸铁锅、铝制容器、不锈钢容器、锡铁等。

3. 需要提前先预热：在烘烤任何食物前，烤箱最好先预热至指定温度，才能符合食谱上的烘烤时间。烤箱预热约需 10 分钟，若烤箱预热空烤太久，也有可能影响烤箱的使用寿命。

4. 防烫伤：正在加热中的烤箱除了内部的高温，外壳以及玻璃门也很烫，所以在开启或关闭烤箱门时要小心，以免被烤箱门烫伤。

5. 使用隔热手套或手柄夹：将烤盘放入烤箱或从烤箱取出时，一定要使用隔热手套或手柄夹，严禁用手直接接触烤盘或烤制的食物，切勿使手触碰加热器或炉腔其他部分，以免烫伤。

6. 顺时针拧动时间旋钮：烤箱在开始使用时，应先将温度、上火、下火调整好，然后顺时针拧动时间旋钮（千万不要逆时针拧），此时电源指示灯发亮，证明烤箱在工作状态。在使用过程中，假如我们设定30分钟烤食物，但是通过观察，20分钟食物就已经烤熟了，那么这个时候不要逆时针拧时间旋钮，应把三个旋钮中间的火位档调整到关闭就可以了，这样可以延长机器的使用寿命。

提示： 新购买的或是长时间闲置的烤箱，可在使用前通过高温空烤来去除烤箱内的异味。高温空烤步骤如下：用干净柔软的湿布把烤箱内外及上下加热管擦拭一遍，等烤箱完全干燥后，将烤箱上下管温度调至200℃，空烤20分钟后即可正常使用。高温空烤期间，会出现烤箱冒烟、散出异味的现象，这都是正常的。

烤箱清洁维护诀窍多

　　无论是对于烤箱新手，还是经验丰富者，烤箱的清洁和保养都是一个让人头疼的问题。满是油污的电热管，溅在烤箱四处的酱汁油渍……烤箱附带的说明书里，关于清洁与保养的说明却是少之又少，到底如何才能解决这个问题呢？

● 烤箱清洁的诀窍

◆ 最好在每次使用完烤箱待其冷却后，就对烤箱进行简单清洁，否则，污垢存在的时间越久就越难去除，而且也会影响烤箱下一次的烘烤效果。

◆ 在清洁烤箱时，一定要断开电源，拔掉插头，用中性清洗剂清洗包括烤架和烤盘在内的所有附件。注意抹布不可湿或滴水，以免使烤箱出现故障。

◆ 当烤箱内有较大面积的未干油渍时，可以撒面粉吸油，再予以擦拭清理，效果较佳。

◆ 烤网上若是有烧焦的污垢，可以利用锡纸来刷除。但要注意，在使用锡纸作为清洁工具前，要先将其搓揉后再使用，因为这样可以增加锡纸的摩擦力。

◆ 若是要清洁烤箱的电线，只要套上尼龙手套，蘸上少量的牙膏，用手指直接搓擦电线，再用抹布擦拭干净就可以了。

◆ 若烤箱内残留油烟味，可放入咖啡渣加热数分钟，即可去除异味。

◆ 烘烤中若有食物汤汁滴在电热管上，会产生油烟并烧焦黏附在电热管上，因此必须在冷却后小心刮除干净，以免影响电热管效能。

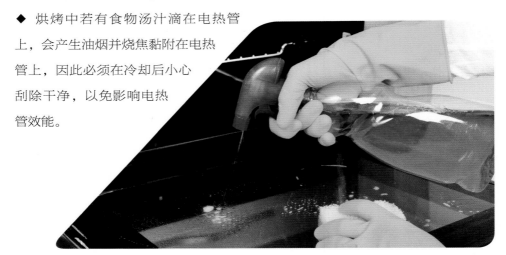

● 烤箱保养的诀窍

◆ 在使用烤箱之前，应该注意检查烤箱的电源线与插头是否有破损，如果有破损应停止使用，否则可能会造成触电、漏电等问题。

◆ 平常要养成良好的操作习惯，烤箱在不工作时，必须关掉总开关。日常要注意清理烤箱内外的灰尘，定期检查烤箱各部分的结构零件是否能正常运作，这样才能延长机器的使用寿命。

◆ 烤箱最好摆放在通风的地方，不要放得太靠近墙壁，这样便于其散热。如果长时间都不使用烤箱，最好为烤箱盖上一层塑料袋，避免其沾染灰尘和油烟。

◆ 烤箱如果要移位摆放，应轻拿轻放，防止碰撞，以防损坏烤箱的内部结构或零件。

烤箱工具连连看

要想做好烤箱菜，只认识烤箱是不够的。就好像铲子对于炒锅来说不可缺少，汤勺对于汤锅来说不可缺少，烤箱也有着不少不可或缺的配备工具。

● 烤网

通常烤箱都会附带烤网，烤网不仅可以用来烤鸡翅、肉串，也可以作为面包、蛋糕的冷却架。

● 烤盘

烤盘一般是长方形的，钢制或铁制的都有，可用来烤蛋糕、水浴烤芝士蛋糕，也可用来烤方形比萨以及饼干等。

● 玻璃碗

主要用来打发鸡蛋，搅拌面粉、糖、油和水等。用于烘焙时，至少要准备两个以上的玻璃碗。

● 耐烤容器

既有碳钢制容器，也有耐热陶瓷或耐热玻璃制成的。碳钢制容器有固定底和活底之分，可根据需要购买适用的容器。

● 烘焙纸

烘焙纸耐高温，可以垫在烤盘底部，这样既能避免食物粘盘，方便清洗烤盘，又能保证食物的干净卫生。

● 锡纸

锡纸又称为铝箔纸，可以用来垫在烤盘上防粘，也可包裹食物。有些食物用锡纸包着来烤，可以避免烤焦。而且用锡纸包着来烤海鲜等，可减少营养物质、水分的流失，保留食物的鲜味。

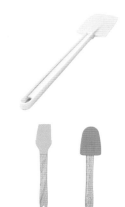

● 橡皮刮刀

橡皮刮刀刀柄为硬质塑料，刀口处软且薄，是十分好用的混合搅拌工具，能将贴在碗壁上的面糊或酱料刮下，不浪费原材料。

● 刷子

刷子分为毛刷和橡皮刷，是主要用来刷油、刷蛋液以及刷去蛋糕屑等。在烘烤食物前，用刷子在食物表层刷一层液体，可以帮助食物上色漂亮。

● 面粉筛

面粉筛一般都是不锈钢制成的，是用来过滤面粉的烘焙工具。面粉筛底部都是漏网状的，用于过滤面粉中所含的其他杂质。

● 擀面杖

擀面杖是西点制作中常常使用到的一种工具，它呈圆柱形，能够通过在平面上滚动来挤压面团等可塑性食品原料。无论是制作面包或者是比萨，擀面杖都是不可或缺的。

● 电子秤

电子秤又称为电子计量秤，在西点制作中，用于称量各式各样的粉类（如面粉、抹茶粉等）、细砂糖等需要准确称量的材料。

● 量杯量勺

量杯可用于量水、牛奶等液体物质体积，一般以200~500毫升大小的量杯为宜。量匙是一种圆形的带柄小浅勺，通常是4种规格为一组，在西点中，常称量小剂量的液体或细碎食材，如橄榄油、柠檬汁等。

烤箱使用新手的常见问题

烤箱使用的新手免不了会遇到有各式各样说明书无法解答的问题。下面的问题都是大部分新手曾遇到过的问题，不知道是否也有一个是你想问的呢？

问：按照食谱所给的时温来烘烤食物，但成品效果却不一样，这是为什么？

答： 首先，食物的数量与薄厚程度都会影响到它的烘烤时间；其次，家用烤箱的温度存在误差，食谱的温度仅供参考。因此，您还需要根据食物及自家烤箱的实际情况来控制时间和温度。最佳的办法是在初次制作该菜例时随时观察食物在烘烤下的变化，以便及时根据烘烤情况，对烘烤时间和温度做出调整，最后要记得把自己所用时间及温度记录下来。下次再制作这一菜例时，就可根据自己初次烤制所需的时间和温度来进行调节了。同时，也可作为制作其他菜例的参考时间和温度。

问：烤曲奇时，放低了下表面容易煳，放高了上表面容易煳，怎么办？

答： 可先放在上层烘烤一段时间后，观察到颜色变化移到下层烘烤；也可直接放在上层烘烤，发现曲奇上表面出现轻微变色时则覆上锡纸继续烘烤。

问：烤鸡的表面煳了，但里面还没熟，怎么办？

答： 像全鸡这样的大件食材，应该用锡纸包起来烤，这样食材能更均匀地烘烤。为了给烤鸡上色，可以剥开锡纸再烤一会儿。

问：在家如何制作出市面上那种表层是金黄色的芝士蛋糕？

答： 想要做出表层是金黄色的芝士蛋糕，就需要给芝士蛋糕"上色"。可以在芝士蛋糕快要烤熟时，即烤至最后3~5分钟时，将"上下火"模式调成"上火"模式，就可以为芝士蛋糕"上色"了。如果烤箱无法调上下火，可以把这一步骤改为将烤盘移到上层烘烤最后3~5分钟。

问：在烤面包时，如果面包的一边已烤熟、颜色变深，而另一边还未烤熟、颜色未变深，该如何补救？

答： 如果烤箱内的热量分布不均，就会出现面包烘烤不均的情况，那么您只需要从烤箱内取出烤盘，将烤盘调转180°，换个方向，再放回烤箱继续烤制，就能使得面包受热均匀。

问： 家里的烤箱无法分开调节上下火，但菜谱里要求这么做，怎么办？

答： 目前大部分的家用烤箱，基本上还不能实现上下管分别进行温度调节。在遇到菜谱里要求上下管温度不一样时，例如"烤箱中层，上管180℃，下管200℃"，可以通过取它的平均值来实现相似的效果，即上下管190℃加热，并把烤盘放在靠下一层。

问： 如何去除烤箱烘烤食物后所残留的异味？

答： 可以在烤箱内放上半个柠檬或是橘子皮、柚子皮，通电加热5分钟，这样就能起到吸除异味的作用。

问： 烤箱在加热时，有时候会发出声响，这正常吗？

答： 这是正常的。烤箱外壳及内部元器件由于热膨胀的关系而发出声响，这一般出现在烤箱预热的过程中，当烤箱的温度稳定以后就不会响了。

问： 烤箱的加热管一会儿亮起一会儿灭掉，这是怎么回事？

答： 烤箱在加热时，烤箱的加热管会发红、亮起，烤箱内的温度会上升。当箱内温度上升到一定程度时，加热管就会停止工作、变暗；当箱内温度逐渐降到某个范围时，加热管就会重新加热、亮起。因此，在加热管一会儿亮起一会儿灭掉的过程中，烤箱内的温度始终保持在设定的范围内。

丰富味觉感受的花样酱汁

不仅是做烤箱菜，蒸煮煎炸时也离不开各式各样的酱汁，酱汁虽不一定是一道菜的灵魂，但绝对能让一道料理大变身！相同的料理使用不同的酱汁腌渍或搭配，都会有着各不相同的体验。

● 橙汁酱油 ▼

酸甜咸香的酱汁腌渍下的肉块，让人怎么吃肉都不腻！

材料：〔容易操作的分量〕
青柠/1个，橙子/1个，日本清酒/80毫升，酱油/250毫升，味淋/120毫升

做法：
1.青柠和橙子取汁备用。
2.往青柠汁、橙汁中加入日本清酒、酱油和味淋混合搅拌即可。

● 蜂蜜橙汁 ▲

代替传统沙拉酱与水果混合，带来新的味蕾感受之余还低热量无负担，绝对是减肥星人的沙拉好搭档。

材料：〔容易操作的分量〕
橙子/1个，橙汁/3汤匙，橄榄油/1汤匙，蜂蜜/适量，盐/少许

做法：
1.将橙子的果肉剥出，放进搅拌机搅拌。
2.倒出搅拌好的橙汁，加入橄榄油、蜂蜜、橙汁、盐搅拌均匀即可。

● 照烧酱汁 ◀

材料：〔容易操作的分量〕

酱油/50毫升，清酒/25毫升，白糖/20克

做法：

1.将所有用料混合均匀。

2.倒入锅中慢慢熬煮至白糖全部融化即可。

● 烤肉酱汁 ▶

材料：〔容易操作的分量〕

洋葱/90克，蒜/4瓣，小辣椒末/适量，沙茶酱/50克，番茄酱/50克，酱油/120毫升，蜂蜜/适量，辣椒粉/适量

做法：

1.洋葱和蒜切末备用。

2.把所有材料混合均匀，放入搅拌机中搅拌至酱汁浓稠即可。

● 薄荷酸奶酱 ◀

材料：〔容易操作的分量〕

酸奶/100克，薄荷叶/10克，蒜末/10克，蜂蜜/10克，柠檬汁/适量，盐/少许，黑胡椒/少许

做法：

把所有材料混合搅拌均匀即可。

● 万能椰子油调味汁 ▶▶

材料：〔容易操作的分量〕

椰子油/4大勺，柠檬/$\frac{1}{2}$个，洋葱/$\frac{1}{4}$个，大蒜/1瓣，醋/3大勺，料酒/2大勺，盐/$\frac{1}{4}$小勺，黑胡椒粉/适量

做法：

1.将洋葱、大蒜均洗净，切成碎末，放入碗中，搅拌均匀。

2.倒入椰子油，挤入柠檬汁，放入醋、料酒、盐、黑胡椒粉，搅拌均匀即可。

● 芝麻味噌酱 ▶

材料：〔容易操作的分量〕

椰子油/4大勺，白芝麻碎/4大勺，醋/2大勺，味噌/2小勺

做法：

将所有材料放入碗中，搅拌均匀即可。

● 黑白胡椒调味汁 ▶▶

材料：〔容易操作的分量〕

椰子油/4大勺，白胡椒粉/2大勺，醋/2大勺，红辣椒（圈）/1个，盐/少许，黑胡椒粉/少许

做法：

将所有材料放入碗中，搅拌均匀即可。

● 椰香串烤腌酱 ▶

材料：〔容易操作的分量〕

红葱头/30克，蒜头/20克，椰奶/50毫升，白糖/6克，胡椒粉/3克

做法：

1.将红葱头、蒜头洗净，洗净的红葱头、蒜头剁成末。

2.将所有用料混合均匀。

● 柠檬串烤酱 ◀

材料：〔容易操作的分量〕

朝天椒/1克，九层塔/1克，姜/10克，香菜/15克，蒜头/10克，鱼露/25克，糖/8克，柠檬汁/20毫升

做法：

1.朝天椒、九层塔洗净切碎；姜、香菜、蒜头洗净切末。

2.将所有用料混合均匀即可。

● 日式乳酪酱 ◀

材料：〔容易操作的分量〕

蛋黄/30克，细砂糖/30克，清水/150毫升，低筋面粉/15克

做法：

1.取一大玻璃碗，倒入蛋黄、细砂糖，用电动搅拌器打发均匀。

2.加入低筋面粉，搅拌均匀至酱料细滑。

3.奶锅中注入清水烧开，将一半调好的酱料倒入锅中，用搅拌器搅拌均匀。

4.关火后将另一半酱料倒入，再开小火搅拌至呈浓稠状即可。

● 椰子酱 ◀

材料：〔容易操作的分量〕

鸡蛋/2个，糖粉/50克，盐/3克，色拉油/300毫升，椰蓉/70克，牛奶香粉/3克

做法：

1.取一大玻璃碗，倒入鸡蛋、糖粉、盐，用电动搅拌器拌匀，倒入色拉油，不停搅拌。

2.加入牛奶香粉、椰蓉，充分拌匀至酱料细滑即可。

Part 2

四季鲜蔬的美妙协奏

在烤箱菜的世界里，每种蔬菜往往不是独奏成曲，而是一支和各种鲜蔬组合下，以缤纷的面貌、丰富的营养、错落的口感形式呈现在食客面前的美妙协奏曲。

■ 西蓝花 ■

　　西蓝花富含丰富的维生素C、β-胡萝卜素、硒、异硫氰酸酯等，具有抗氧化、抗衰老、提高肌体免疫力的功效。此外西蓝花含有丰富的叶酸、维生素K、钾、钙、镁、膳食纤维等对身体有益的营养素。是时下流行的纤体、美肤、养生的绿色健康食材。

营养含量分析表〔每100克含量〕	
热量	138千焦
蛋白质	4.1克
脂肪	0.6克
糖类	4.3克
膳食纤维	1.6克
维生素C	51毫克
钙	67毫克
铁	1毫克

● 选购保存

选购西蓝花注意花球要大、紧实、色泽好，花茎脆嫩，以花芽尚未开放的为佳。直接将西蓝花放在阴凉通风的地方保存，可保存2~3天；放入保鲜袋，再放到冰箱冷藏室保存，可保存1周。

● 刀工处理：切朵

1.取洗净的西蓝花，将花朵切下来。
2.用刀将花朵对半切开。
3.按同样的方法，将其他的朵切开即可。

西蓝花鸡肉焗螺丝面

蛋白质 ◆◆◆　钙 ◆◆◆　时间：80分钟 ❧

材料：〔1人份〕

螺丝意面 / 200克　　罗勒叶 / 适量
西蓝花 / 200克　　　牛奶 / 90毫升
熟鸡胸肉 / 100克　　马苏里拉芝士碎 / 适量
番茄丁 / 100克　　　盐 / 少许
蘑菇片 / 100克　　　黑胡椒 / 少许
鸡蛋 / 2个　　　　　橄榄油 / 适量

做法：

1.西蓝花洗净切成小朵，备用。

2.熟鸡胸肉切成小块，备用。

3.部分非点缀用的罗勒叶切成丝，备用。

4.把螺丝意面煮至偏好的软硬度，捞出盛碗备用。

5.混合番茄丁、鸡胸肉、蘑菇片和西蓝花。

6.把牛奶倒入小奶锅中，加热，打入鸡蛋，一直搅拌至煮沸，加入盐、黑胡椒与罗勒叶丝，搅匀制成牛奶酱汁，盛出备用。

7.在刷过底油的烤箱模具中放入蔬菜鸡胸肉和螺丝意面，搅拌均匀，加入牛奶酱汁。

8.放入预热至200℃的烤箱中烤30分钟。

9.取出，撒上马苏里拉芝士碎再继续烤10分钟。

10.取出撒上罗勒叶点缀即可。

蔬菜鸡蛋羹

蛋白质 ◆◆◆◆　钙 ◆◆◆　时间：30分钟 🕐

材料：〔2人份〕

鸡蛋 / 3个

胡萝卜 / $\frac{1}{4}$ 根

圣女果 / 5颗

黄椒 / $\frac{1}{2}$ 个

西蓝花 / 50 克

火腿肠 / 少许

牛奶 / 1 杯

盐 / 少许

白胡椒粉 / 少许

芝士 / 适量

做法：

1. 鸡蛋打入碗中，加入盐、白胡椒粉。

2. 放入牛奶，搅打均匀。

3. 胡萝卜切小丁；西蓝花切小朵；圣女果对半切开。

4. 黄椒切小丁；火腿肠切小丁。

5. 将切好的所有材料放入碗中，再倒入鸡蛋液，搅拌均匀。

6. 搅拌好的鸡蛋液倒入烤杯中，不要装得太满。

7. 再在表面铺上一层芝士。

8. 烤盘放入预热为200℃的烤箱烤制 10 分钟。

9. 烤至表面芝士融化，鸡蛋液成型即可。

步骤2

步骤5

步骤8

营养笔记：

鸡蛋的营养主要集中在蛋黄里，蛋黄中的卵磷脂可以健脑益智、改善记忆力；蛋黄中的脂肪以单不饱和脂肪酸为主，对预防心脑血管疾病有益。蛋黄中含有珍贵的脂溶性维生素A、维生素D、维生素E和维生素K，B族维生素中的绝大多数维生素也存在于蛋黄当中。

■ 菠菜 ■

　　菠菜含有大量的植物粗纤维，具有促进肠道蠕动的作用，利于排便。菠菜中所含的 β-胡萝卜素，在人体内会转变成维生素 A，能保护视力和上皮细胞的健康，提高机体预防疾病的能力，促进儿童的生长发育。

营养含量分析表 〔每100克含量〕	
热量	100千焦
蛋白质	2.6克
脂肪	0.3克
糖类	4.5克
膳食纤维	1.7克
钙	66毫克
镁	58毫克
铁	2.9毫克

● 选购保存

要挑选粗壮、叶大、无烂叶和萎叶、无虫害的鲜嫩菠菜。为了防止菠菜干燥，可用保鲜膜包好放在冰箱里，一般在2天之内食用可以保证其新鲜。

● 刀工处理：切长段

1.将菠菜放在砧板上，摆放整齐。
2.把根部切除。
3.将菠菜切成5~6厘米长的段。

香芹菠菜蛋饼

| 蛋白质 | ◆◆◆◆ | 钙 | ◆◆◆◆ | 时间：30分钟 |

材料：〔1 人份〕

土豆块 / 100克　　　鸡蛋 / 3个

紫薯块 / 100克　　　牛奶 / 30毫升

洋葱 / 半个　　　　　盐 / 少许

菠菜叶 / 适量　　　　黑胡椒 / 少许

香芹叶 / 适量　　　　橄榄油 / 适量

做法：

1.把紫薯和土豆放入锅中蒸熟，熟后取出放凉备用。

2.把鸡蛋和牛奶混合搅拌匀，加入香芹叶，再放入盐和黑胡椒拌匀。

3.把洋葱切丁，用加入油的铁锅炒3分钟后，再放入紫薯和土豆煎炒片刻，放入菠菜叶混合搅拌，撒入盐和胡椒粉调味。

4.把蛋液倒进锅中，搅拌一下让蛋液分布均匀，煮至锅边蛋液凝结时，直接把锅放入预热至220℃的烤箱里烤15分钟，至蛋液完全凝固即可。

营养笔记：

菠菜在煮食前先投入开水中快焯一下，可除去大部分草酸，更有利于人体吸收钙质。

奶酪焗菠菜

蛋白质 ◆◆◆　　钙 ◆◆◆ ◆　　时间：70分钟 ⏱

材料：〔1人份〕

菠菜 / 250克　　　　　鸡蛋 / 2个

利可他干酪 / 70克　　　面粉 / 20克

高达干酪 / 30克　　　　橄榄油 / 适量

切达干酪 / 30克　　　　盐 / 适量

山羊奶酪 / 30克　　　　黑胡椒 / 适量

做法：

1.把菠菜切成3厘米长的段。

2.把利可他干酪和面粉、鸡蛋混合搅拌后，加入菠菜段拌匀。

3.将其余3种奶酪擦成屑，放入菠菜糊中，放入盐和黑胡椒调味。

4.将菠菜糊倒入刷过底油的陶瓷烤盘中，放入预热好的烤箱中，以175℃烤50分钟即可。

营养笔记：

菠菜中富含非血红素铁，是素食者铁的主要来源之一。菠菜还含有钾、镁和叶酸，是预防和治疗高血压的绿色健康食物。

步骤1　　　　　　步骤3　　　　　　步骤4

材料：〔2人份〕

吐司 / 2片　　　　　　葡萄 / 适量

马苏里拉芝士 / 少许　　核桃仁 / 适量

菠菜 / 1棵　　　　　　开心果 / 适量

培根 / 2片　　　　　　盐 / 少许

鸡蛋 / 2个

做法：

1.锅内烧水，放入少许盐，将洗净的菠菜焯水后，沥干水分。菠菜切丁，备用。

2.将吐司去边，放入马克杯中，中间按压下去，制成吐司盅。

3.培根切丁，放入吐司盅里，再放入菠菜丁，按压实，将鸡蛋打入上方，继续撒少许马苏里拉芝士。

4.烤箱预热至180℃，中层上下火，将吐司盅放入烤箱，烤25分钟，将吐司盅拿出，脱模。

5.将吐司盅和葡萄、核桃仁、开心果摆入盘中即可。

营养笔记：

早餐时食用吐司盅，再配上葡萄和坚果，可以获得满满的营养和能量。坚果营养价值高，富含脂肪酸、维生素E、B族维生素，以及钙、锌、铁、镁等多种矿物质，还含有蛋白质及其他营养物质，在早餐中食用，是健康好选择。坚果每人每天的适宜食用量是一汤匙（去壳后），或者一小把。

■ 南瓜 ■

南瓜含有丰富的类胡萝卜素、果胶，可以健脾、助消化、预防胃炎、防治夜盲症，使皮肤变得细嫩。南瓜中含有的多种矿物质元素，如钙、钾、镁等，都有预防高血压的作用。

营养含量分析表〔每100克含量〕	
热量	92千焦
蛋白质	0.7克
糖类	5.3克
膳食纤维	0.8克
维生素C	8毫克
钙	16毫克
镁	8毫克
铁	0.4毫克

● 选购保存

应挑选外形完整、瓜梗蒂连着瓜身的新鲜南瓜。一般完整的南瓜放置在阴凉处可保存较长时间。

● 刀工处理：切三角片

1.取一块去皮去瓤的南瓜，将南瓜切成粗长条状。
2.将南瓜条放好，切去多余边角。
3.顶刀将南瓜条切成三角片即可。

焗南瓜贝壳面

| 蛋白质 ◆◆ | 钙 ◆◆◆ | 时间：80分钟 ❤ |

材料：〔1人份〕

贝壳面 / 200克　　　　罗勒碎 / 适量

南瓜 / 300克　　　　　鸡汤 / 300毫升

洋葱末 / 100克　　　　盐 / 少许

蒜末 / 20克　　　　　黑胡椒粉 / 少许

马苏里拉芝士碎 / 适量　橄榄油 / 适量

姜末 / 适量

做法：

1.将贝壳面煮至软硬适度后捞出备用。

2.把南瓜切小块，放入鸡汤中炖煮15分钟后捞出沥干备用。

3.平底锅加油烧热，加入蒜末和洋葱末，炒至透明后盛出。

4.把南瓜块、洋葱末、蒜末和姜末放入搅拌机中搅拌成泥状。

5.在刷过底油的陶瓷烤盘中按照以下顺序铺放食材：$\frac{1}{3}$南瓜泥、$\frac{1}{2}$贝壳面、$\frac{1}{3}$南瓜泥、剩余贝壳面、$\frac{1}{3}$南瓜泥。

6.撒上盐和黑胡椒粉后，铺上马苏里拉芝士碎，放入预热好的烤箱以200℃烤45分钟。

7.烤好取出，撒上罗勒碎即可。

香浓烤南瓜汤

蛋白质 ◆◆　　钙 ◆◆　　时间：45分钟 ⏱

材料：〔3人份〕

南瓜 / 500克　　　橄榄油 / 3毫升

洋葱 / 半个　　　　盐 / 3克

百里香 / 一小把　　黑胡椒 / 2克

鸡汤 / 适量

做法：

1.预热烤箱至200℃，同时把南瓜做去瓤处理。

2.把洋葱和南瓜放在烤盘上，浇上适量橄榄油，撒上盐和黑胡椒，放入烤箱烤约25分钟或至食材熟透。

3.烤好的洋葱和南瓜放凉后，直接用勺子挖出南瓜肉，把洋葱剥去外皮取出。

4.把南瓜肉、洋葱、一小把百里香和少许鸡汤放入搅拌机，搅拌成膏状。

5.将做好的南瓜膏倒入小锅中，再放入适量鸡汤，加热搅拌至喜爱的稠度。

6.撒上盐和黑胡椒调味即可。

步骤3

步骤4

步骤5

营养笔记：

南瓜中含丰富的膳食纤维，具有促进肠蠕动，促排便的功效；此外膳食纤维还具有增加饱腹感、降低血胆固醇，预防心血管疾病的作用。

培根南瓜卷

蛋白质 ◆◆◆　　钙 ◆◆　　时间: 30分钟 ⏱

材料: 〔6人份〕
南瓜 / 半个
培根 / 6片
意式香草碎 / 少许
蜂蜜 / 适量

做法:

1.预热烤箱至180℃；把洗净的南瓜去瓤，切成6块。

2.培根绕着南瓜卷起。

3.把卷好的南瓜放上铺了锡纸的烤盘上，刷上蜂蜜，撒上意式香草碎。

4.放入烤箱烤20分钟即可。

营养笔记:

南瓜中含丰富的类胡萝卜素，其中β-胡萝卜素可以转化成维生素A，起到护眼、美肤、增强机体免疫力、抗氧化的功效。

材料：〔2 人份〕

南瓜 / 200克

玉米粒 / 50克

淡奶油 / 40克

马苏里拉芝士碎 / 少许

新鲜香草碎 / 少许

盐 / 2克

做法：

1. 预热烤箱至180℃；把南瓜洗净去瓤，切成小块。

2. 把南瓜块放入蒸锅，蒸5分钟。

3. 把半熟的南瓜块与玉米粒放入陶瓷烤盘。

4. 淋上加盐的淡奶油，撒上马苏里拉芝士碎和新鲜香草碎。

5. 放入烤箱烤20分钟即可。

营养笔记：

玉米含丰富的膳食纤维，常食可促进肠蠕动，加速有毒物质的排泄。玉米还能降低血脂，对于高脂血症、心脏病的患者有助益。常食玉米有延缓眼部衰老、美肤、抗氧化的作用。

四色烤食

蛋白质 ◆◆◆ 钙 ◆◆ 时间: 35分钟 ✓

材料: 〔2人份〕

红薯 / 150克	蜂蜜 / 5克
紫薯 / 150克	盐 / 3克
南瓜 / 100克	黑胡椒碎 / 1克
土豆 / 100克	橄榄油 / 适量
黄油 / 5克	

做法:

1. 红薯、紫薯削皮。

2. 南瓜、土豆均削皮。

3. 将削皮的红薯、紫薯、南瓜、土豆均切成同等大小的长条。

4. 将红薯条、紫薯条、南瓜条均匀先刷上一层黄油。

5. 涂抹一层蜂蜜。

6. 将土豆条放盘中,先刷上一层橄榄油。

7. 撒上盐和黑胡椒碎,抹匀。

8. 烤箱以200℃预热;将食材放在烤网上,烤盘上铺上锡纸,放上烤网。

9. 把烤盘放入预热好的烤箱中层,以200℃烤约20分钟即可。

营养笔记:

红薯是低脂肪低热量的食物,含丰富的膳食纤维,有利于减肥、通便排毒、改善亚健康。

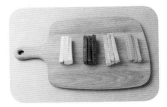

步骤3

步骤5

步骤6

步骤8

■ 土豆 ■

土豆本身营养丰富，富含膳食纤维，具有促进肠蠕动，助
排便的功效。土豆本身高钾低钠，维生素 C 含量也比较丰富。
同时土豆中还富含多酚类的抗氧化物质。

营养含量分析表〔每100克含量〕	
热量	318千焦
蛋白质	2克
脂肪	0.2克
糖类	16.5克
膳食纤维	0.88克
维生素C	27毫克
钙	8毫克
镁	23毫克

● 选购保存

应选择没有出芽、颜色单一的土豆。土豆
应存放在背阴的低温处，切忌放在塑料袋
里，否则易捂出热气，让土豆发芽。

● 刀工处理：切丝

1.取一个去皮洗净的土豆。
2.将土豆切成薄片，直到将整个土豆切
完。
3.将切好的土豆薄片呈阶梯形摆放整齐。
4.将土豆片切成细丝，装盘即可。

黄瓜沙拉烤土豆

蛋白质 ◆◆◆ 钙 ◆◆ 时间：70分钟

材料：〔2人份〕

土豆 / 2个
黄瓜丝 / 180克
嫩胡萝卜丝 / 150克
大葱圈 / 30克

罗勒叶 / 适量
盐 / 少许
黑胡椒 / 少许
沙拉酱 / 300克

做法：

1.将土豆分别包在锡纸中，放入预热至200℃的烤箱中烤1小时。

2.等待烤箱的同时，把一半胡萝卜丝、一半黄瓜丝和部分罗勒叶切成末，加入大葱圈、沙拉酱、盐、黑胡椒拌匀，再加入部分胡萝卜丝和黄瓜丝拌匀。

3.将土豆从锡纸中取出，纵向切出一条缝隙后，填入混合好的沙拉酱，放上剩余的胡萝卜丝和黄瓜丝以及罗勒叶点缀即可。

营养笔记：
土豆所含的膳食纤维，有促进肠蠕动和加速胆固醇在肠道内代谢的功效，具有通便和降低胆固醇的作用，可以缓解习惯性便秘和预防血胆固醇增高。

材料：〔2人份〕
芝士碎 / 40克
土豆 / 250克
甜椒 / 250克
鸡汤 / 125毫升
洋葱 / 1个
意式香草 / 适量
蒜 / 2瓣
盐 / 少许
胡椒粉 / 少许
橄榄油 / 适量

做法：

1.把蒜瓣拍碎；甜椒去籽后切条；洋葱切成瓣；土豆切成块，加入意式香草，混合均匀后放入刷过底油的烤盘中。

2.加入盐和胡椒粉调味，倒入鸡汤。浇上橄榄油，放入200℃烤箱中烤制45分钟。

3.取出，撒上芝士碎，再烤10分钟即可。

营养笔记：
红色甜椒富含类胡萝卜素、维生素C、维生素B₆、叶酸和钾等营养物质。每100克甜椒中，水分占91.5克，含蛋白质1.3克、糖类6.4克、脂肪0.2克，能提供80千焦的热量。

缤纷烤蔬

蛋白质 ◆◆   钙 ◆◆   时间：60分钟

材料：〔4人份〕

胡萝卜 / 1根

小土豆 / 4个

甜菜根 / 半个

青辣椒 / 2个

蒜 / 4瓣

盐 / 适量

黑胡椒 / 适量

橄榄油 / 适量

做法：

1.把胡萝卜切成3厘米长的条；小土豆对半切开；青辣椒对半切开后去籽；蒜瓣切末；甜菜根切小块，备用。

2.烤箱预热至190℃，把所有切好的蔬菜放入烤盘，撒上蒜末、盐和黑胡椒，淋上橄榄油。

3.放入烤箱烤40分钟，至蔬菜变软但仍保留原口感即可。

营养笔记：

甜菜根富含维生素C、维生素K、钾、镁、膳食纤维和多酚类物质，可预防心脑血管疾病，有益心脏健康的。不过，甜菜根糖分含量高，吃太多对控制血糖不利，应该适量。

香草烤薯角胡萝卜

蛋白质 ◆◆   钙 ◆◆   时间：50分钟 ⏱

材料：〔3人份〕
土豆 / 1个
胡萝卜 / 1个
意式香草 / 适量
橄榄油 / 1勺
盐 / 2克
黑胡椒 / 2克

做法：

1.将土豆及胡萝卜洗净，若小土豆可不去皮，切成滚刀三角小块，胡萝卜直接切成5厘米的段，分成2瓣或4瓣即可。

2.把土豆和胡萝卜放入开水中煮3~5分钟。

3.将橄榄油、黑胡椒、盐、意式香草搅拌均匀，倒入煮好的土豆块、胡萝卜块中，拌匀。

4.烤盘中放烘焙纸，将拌好的材料均匀平铺放入烤盘中，注意不要有重叠。

5.烤箱提前预热至200℃，将烤盘放入中层，烤25~35分钟，烤至土豆表面收缩，呈现金黄色即可。

营养笔记：
土豆中含有抗性淀粉，可增加饱腹感，起到瘦身的功效（注意需代替部分主食吃）。

步骤1

步骤2

步骤3

步骤4

材料：〔3人份〕

土豆 / 200克　　　　　鸡蛋 / 2个

卷心菜 / 150克　　　　蒜 / 2瓣

洋葱 / 半个　　　　　　橄榄油 / 适量

面包糠 / 30克　　　　　盐 / 适量

意式香草碎 / 适量　　　黑胡椒 / 适量

淡奶油 / 90克

做法：

1.把洗净的土豆放入沸水中煮熟，捞出放凉备用。

2.把洋葱、蒜切碎；卷心菜切丝。

3.平底锅放油烧热，放入洋葱和蒜末炒软，加入卷心菜丝，撒入盐和黑胡椒调味后搅拌盛碗备用。

4.把鸡蛋打入淡奶油中搅拌，加入炒好的卷心菜。

5.土豆去皮切片，铺在刷过底油的烤箱模具中，再铺上卷心菜糊，撒上面包糠。

6.将模具放入预热好的烤箱，以195℃烤35分钟后取出，撒上意式香草碎即可。

营养笔记：
卷心菜营养价值高，具有很好的抗氧化、抗癌的功效。而且卷心菜本身热量低，饱腹感强，是纤体瘦身的优质食材。

步骤1　　　　　步骤2　　　　　步骤5

■ 西葫芦 ■

西葫芦口感清新爽口，含丰富的水分，热量低，有润泽肌肤的作用；可调节人体代谢，具有减肥功效。西葫芦含有一种干扰素诱生剂，可刺激机体产生干扰素，提高免疫力。

营养含量分析表 〔每100克含量〕	
热量	75.3千焦
蛋白质	0.8克
脂肪	0.2克
糖类	3.8克
膳食纤维	0.6克
维生素C	6毫克
钙	15毫克
磷	17毫克

● 选购保存

应选择表面光滑，色鲜质嫩，大小适中的西葫芦。用保鲜袋装好，直接放在冰箱冷藏室保存，可保存3~5天。

● 刀工处理：切片

1.取洗净去皮的西葫芦，用刀纵向剖开。

2.从一端开始切片。

3.将整个西葫芦都切成均匀的薄片即可。

蔬菜焗蝴蝶面

蛋白质 ◆◆◆　钙 ◆◆◆　时间：55分钟

材料：〔2人份〕

蝴蝶面 / 300克	芝士碎 / 适量
西葫芦 / 150克	盐 / 适量
茄子 / 150克	番茄酱 / 75克
番茄 / 1个	黑胡椒 / 适量
洋葱末 / 100克	橄榄油 / 适量
意式香草碎 / 适量	

做法：

1.番茄切丁，加入少许盐、意式香草碎、黑胡椒和番茄酱混合搅拌成酱汁备用。

2.把西葫芦和茄子切片；洋葱末加入少许盐和黑胡椒搅匀备用。

3.将蝴蝶面煮至偏好的软硬度后捞出备用。

4.在刷过底油的烤箱模具中铺上一层番茄酱汁，再按照以下顺序铺放食材：蝴蝶面、西葫芦片、番茄酱汁、蝴蝶面、茄子片、洋葱末、芝士碎。

5.放入预热至200℃的烤箱里烤35分钟即可。

营养笔记：

西葫芦本身水分可以达到95%，热量低、高钾低钠，不仅是瘦身的选择，也是预防高血压及高血压患者的绿色健康食物。西葫芦的籽热量相对果肉会高一些。

材料: 〔2 人份〕

小米 / 25克

蔬菜高汤 / 90毫升

松子 / 40克

葡萄干 / 25克

西葫芦 / 2个

豆腐 / 125克

香菜叶碎 / 适量

黄豆酱 / 10克

甜椒酱 / 125克

盐 / 适量

胡椒粉 / 适量

辣椒粉 / 适量

孜然粉 / 适量

做法:

1.小米放入锅中,加入香菜叶和孜然粉,倒入蔬菜高汤,煮至沸腾后转小火,再煮15分钟后捞出小米,沥干水分。

2.小米倒入平底锅中,以低温炒至金黄色。

3.豆腐切成小块;西葫芦对半切开,挖出西葫芦肉切碎备用。

4.把西葫芦肉、豆腐块、小米、松子、葡萄干混合搅拌,加入盐和胡椒粉调味混合成馅。

5.把西葫芦瓜皮置于烤盘上,填入混合馅。

6.把黄豆酱、甜椒酱和辣椒粉混合,淋在西葫芦上。

7.放入预热至180℃的烤箱烤10分钟即可。

步骤2　　　　步骤3　　　　步骤5

营养笔记:

小米的维生素、矿物质含量都比精大米高,比如铁、钾和维生素B_1含量都是大米的5倍左右,是补充维生素和矿物质的好主食。和精大米相比,还富含类胡萝卜素。此外小米还具有安神作用,有利于睡眠,特别适合晚餐食用。

金枪鱼焗蔬菜

蛋白质 ◆◆◆　　钙 ◆◆◆　　时间：40分钟 ⏱

材料：〔3 人份〕

西葫芦 / 150克　　　意式香草碎 / 适量

番茄 / 150克　　　　芝士碎 / 适量

玉米粒 / 60克　　　　橄榄油 / 适量

黑橄榄 / 30克　　　　盐 / 适量

金枪鱼 / 110克　　　黑胡椒 / 适量

做法：

1.西葫芦切片，放入烧热的橄榄油中翻炒片刻后盛出备用。

2.番茄切片，铺在刷过底油的烤盘中。

3.从罐头中取出金枪鱼，沥干水分，铺在番茄上，再依次铺上西葫芦片和玉米粒，撒上黑橄榄、盐、黑胡椒和意式香草碎。

4.撒上芝士碎，放入预热好的烤箱以200℃烤20分钟即可。

营养笔记：

玉米中的玉米胚芽是玉米粒中营养价值最高的部分，富含延缓人体衰老的维生素E，还有丰富的脂肪酸、蛋白质等多种营养物质。所以啃食玉米的时候千万不要漏掉精华了。

步骤1

步骤3

步骤4

蔬菜塔

蛋白质 ◆◆◆　钙 ◆◆◆　时间：40分钟 ⏱

材料：〔2人份〕

薄切土豆片 / 250克　　盐 / 少许

西葫芦 / 150克　　黑胡椒 / 少许

胡萝卜 / 150克　　橄榄油 / 适量

黄甜椒 / 150克　　黄油 / 适量

红辣椒 / 1根

做法：

1.在陶瓷烤盘中刷上橄榄油，铺上薄切土豆片。

2.撒上黑胡椒和盐，淋上橄榄油，放入预热好的烤箱以200℃烤25分钟。

3.西葫芦、胡萝卜、黄甜椒、红辣椒切丁备用。

4.把所有蔬菜放入沸水中烫片刻后捞出沥干备用。

5.平底锅烧热，放入黄油，至黄油熔化时加入所有蔬菜。

6.加入盐和黑胡椒翻搅片刻，装入烤好的土豆中即可。

营养笔记：

甜椒生食与烹制都非常美味，营养佳，因此可以根据自己的口感偏好来吃甜椒。

■ 番茄 ■

　　番茄中含有丰富的抗氧化剂番茄红素，可以防止自由基对皮肤的破坏，具有美容养颜功效；番茄中含有有机酸，能促使胃液分泌，加强对脂肪及蛋白质的消化；番茄中的维生素C，受有机酸的保护，在烹调过程中，不易被破坏。

营养含量分析表 [每100克含量]	
热量	79.4千焦
蛋白质	0.9克
脂肪	0.2克
糖类	4.0克
膳食纤维	0.5克
维生素C	19毫克
维生素E	0.57毫克
硒	0.15微克

● 选购保存

好的番茄色泽红艳，蒂部圆润，如果蒂部有淡淡的青色更甜。将番茄装到保鲜袋中，蒂头朝下分开放置，之后放入冰箱冷藏室保存，可保存1周左右。

● 刀工处理：切滚刀块

1.取洗净的番茄，从中间切开成两半。
2.取其中的一半，沿着蒂部斜切小块。
3.将番茄滚动着继续斜切成小块即可。

金枪鱼番茄开口三明治

蛋白质 ◆◆◆　钙 ◆◆◆　时间：30分钟

材料：〔4 人份〕

罐头金枪鱼 / 120克

番茄 / 1个

切片芝士 / 2片

无边吐司面包 / 2片

意式香草碎 / 适量

盐 / 适量

黑胡椒 / 少许

黄油 / 适量

橄榄油 / 适量

做法：

1.烤箱预热至180℃，番茄切片备用。

2.面包片刷上黄油后，放在刷过底油的烤盘上。

3.依次铺上番茄和沥干水分的金枪鱼。

4.撒上盐和黑胡椒，再铺上切片芝士。

5.放入烤箱烤15分钟。

6.取出烤过的开口三明治，撒上香草碎做点缀即可。

营养笔记：

金枪鱼富含蛋白质、脂肪、维生素D，且钙、锌、硒等矿物质的含量也较高。金枪鱼中含有丰富的DHA、EPA，是极佳的健脑食品。

罗勒番茄汤

蛋白质 ◆◆　钙 ◆◆◆　时间：90分钟 ⏱

材料：〔2人份〕

番茄 / 500克　　　橄榄油 / 2勺
蒜 / 2瓣　　　　　盐 / 适量
罗勒 / 1小束　　　黑胡椒 / 适量
鸡汤 / 500毫升
意大利黑醋 / 少许

做法：

1.每个番茄切成4瓣，罗勒切碎，大蒜不用剥皮。

2.把番茄和大蒜放在烤盘上。

3.撒上黑胡椒和盐，浇上橄榄油。

4.放入预热好的烤箱。

5.以190℃烤60分钟后取出静置放凉。

6.和鸡汤、碎罗勒、意大利黑醋一起入搅拌机搅拌。

7.把搅拌好的汤汁倒入汤锅中煮开即可。

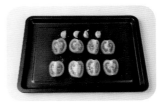
步骤3

步骤6

步骤7

营养笔记：

番茄生吃熟吃两相宜。生吃番茄能更好地获得其中的维生素C、钾和膳食纤维，对于预防心血管疾病和肥胖有利；熟吃番茄时，其中有机酸保护维生素C不易遭到破坏，损失很小，正常炒、煮，损失不大。熟吃时，番茄红素和胡萝卜素的吸收率将大大提升。因为熟吃番茄的时候，番茄细胞的细胞壁被破坏，其中的番茄红素、胡萝卜素能够自由释放出来。

意式蔬菜汤

蛋白质 ◆◆　　钙 ◆◆◆　　时间：50分钟 ❤

材料：〔3 人份〕

番茄 / 1个　　　　　意式香草碎 / 适量
胡萝卜 / 200克　　　鸡汤 / 500毫升
卷心菜 / 200克　　　盐 / 少许
洋葱末 / 100克　　　黑胡椒 / 少许
培根丁 / 150克　　　橄榄油 / 适量
芝士粉 / 适量

做法：

1.把胡萝卜切片；卷心菜切成小块；番茄切丁，备用。

2.平底锅加油烧热，加入培根丁和洋葱末翻炒片刻。

3.加入卷心菜和胡萝卜共同翻炒。

4.倒入装有鸡汤的锅中。

5.汤煮沸时加入盐、黑胡椒粉和意式香草，搅拌片刻后倒入陶瓷烤盘中。

6.放入预热至160℃的烤箱中，烤20分钟，在剩余5分钟时取出放入番茄丁继续烤制。

7.将汤盛碗后撒上芝士粉即可。

营养笔记：
番茄富含番茄红素，且皮中的番茄红素含量高于果肉。番茄红素对前列腺癌、乳腺癌等多种癌症具有预防作用，而且番茄红素还具有很好的抗氧化、美肤的功效。此外，研究表明番茄红素与心血管疾病患病率之间存在反比例关系，可以降低的心血管疾病发生的概率。

■ 茄子 ■

茄子含丰富的维生素P，能增强人体细胞间的附着力，增强毛细血管的弹性，降低毛细血管的脆性及渗透性，防止微血管破裂出血，使心血管保持正常的功能。茄子是水分含量高、热量低的食材。

营养含量分析表 [每100克含量]	
热量	79.4千焦
蛋白质	1.0克
糖类	5.4克
膳食纤维	1.9克
维生素C	7毫克
维生素E	0.2毫克
钙	55毫克
铁	0.4毫克

● 选购保存

茄子以外形均匀周正，老嫩适度，无裂口、腐烂、锈皮、斑点，皮薄、籽少、肉厚、细嫩的为佳。茄子用保鲜袋包裹好，放入干燥的纸箱中，置于阴凉通风处保存即可。

● 刀工处理：切条

1.取洗净去皮的茄子，将茄子切成几段。
2.取其中一段茄子，将其纵向对半切开。
3.将茄块平放，切成条状即可。

茄子焗饭

蛋白质 ◆◆◆◆　钙 ◆◆◆◆　时间：25分钟

材料：〔1人份〕

米饭 / 200克	奶酪 / 适量
茄子 / 220克	盐 / 2克
胡萝卜 / 30克	鸡粉 / 2克
黄彩椒 / 20克	黑胡椒 / 少许
红彩椒 / 20克	橄榄油 / 少许
口蘑 / 20克	辣椒汁 / 少许
洋葱碎 / 10克	食用油 / 适量
牛肉末 / 80克	黄油 / 适量

做法：

1.洗净的茄子对半切开，取茄肉切丁，茄子壳备用；洗净的口蘑去蒂切小块，待用。

2.洗净去皮的胡萝卜切粒；洗净去籽的红彩椒切粒；黄彩椒切小块。

3.热锅注油烧热，放入茄子壳，炸至软，捞出，沥干油，待用。

4.锅中倒入黄油、橄榄油，烧至融化，放入洋葱碎，翻炒至透明状。

5.加入牛肉末、口蘑块、胡萝卜粒、茄子丁，翻炒均匀。

6.加入盐、鸡粉，炒匀，撒入黑胡椒，倒入辣椒汁，翻炒均匀，放入彩椒粒和米饭，翻炒出香味。

7.将炒好的米饭盛出装入茄子壳中，摆放上奶酪。

8.放入预热好的烤箱，以上火200℃、下火150℃烤10分钟即可。

茄子比萨

蛋白质 ◆◆◆　钙 ◆◆◆　时间：30分钟 ❤

材料：〔4人份〕

茄子／半根　　　　　罗勒叶／少许

小香肠／7根　　　　橄榄油／适量

黑橄榄／6个　　　　盐／适量

洋葱末／适量　　　　番茄酱／75克

芝士碎／适量

做法：

1.茄子切成约0.5厘米的厚片，泡在水中；香肠和黑橄榄切圆片待用。

2.把茄子平铺在烤盘上，淋上橄榄油，撒上盐。

3.放入预热好的烤箱，以220℃烤17分钟。

4.等待烤箱的同时，把番茄酱和洋葱末混合搅拌。

5.取出茄子，均匀抹上混合好的番茄酱，撒上芝士碎，放上切好的小香肠和黑橄榄。

6.放入烤箱以220℃继续烤5分钟。

7.烤好取出，放上罗勒叶点缀即可。

营养笔记：

黑橄榄含丰富的钙质和维生素C，其中维生素C的含量是苹果的10倍，是梨和桃的5倍；黑橄榄中含有花青素，具有很好的抗氧化作用。

茄盒

蛋白质 ◆◆◆◆ 钙 ◆◆◆ 时间：45分钟 ☯

材料：〔4人份〕

切片土豆 / 200克

切片茄子 / 200克

切片番茄 / 100克

红葱头 / 2个

胡萝卜 / 1个

蒜末 / 适量

切块豆腐 / 250克

香菜 / 适量

糖 / 适量

盐 / 适量

黑胡椒 / 适量

橄榄油 / 适量

豆酱 / 50克

甜椒酱 / 150克

番茄酱 / 400克

欧芹碎 / 适量

做法：

1.胡萝卜、红葱头切丁备用。

2.把橄榄油倒入锅内，烧热。

3.加入蒜末、红葱头丁和胡萝卜丁翻炒。

4.放入豆腐煎3分钟，加入盐、糖、黑胡椒和番茄酱调味搅匀。

5.撒入欧芹碎翻搅片刻后盛出备用。

6.把豆酱、甜椒酱混合搅拌均匀。

7.在陶瓷烤盘底层放茄子片，上面放土豆片，淋上豆酱和甜椒酱混合酱料，再在上面铺上番茄片，最后放上炒好的胡萝卜豆腐。

8.放入预热至180℃的烤箱，烤25分钟后取出，撒上香菜即可。

营养笔记：

豆腐的两大营养优势：一是提供丰富的植物蛋白，二是提供大量的钙。用大豆蛋白替代部分动物性食品，对控制慢性疾病有利；对于不喜欢奶制品的人，用豆腐替代奶制品，也可以让身体获得足够的钙。选择豆腐补钙建议选择北（卤水）豆腐或南（石膏）豆腐。

■ 芦笋 ■

芦笋营养价值丰富,味道鲜美,软嫩可口,属于低糖、低脂肪、高纤维素和高维生素的绿色健康食材。芦笋中富含丰富维生素和矿物质元素,其中硒含量颇丰,是美肤纤体的优质食材。

营养含量分析表 〔每100克含量〕	
热量	79.4千焦
蛋白质	1.4克
糖类	4.9克
膳食纤维	1.9克
维生素A	17μ克
钙	10毫克
镁	10毫克
铁	1.4毫克

● 选购保存

以笋尖花苞紧密,未长腋芽,细嫩粗大的芦笋为佳。如果不能马上食用,用保鲜膜将其轻轻包裹起来,置于冰箱冷藏室,应可维持两三天。

● 刀工处理:切粗条

1.取洗净的芦笋,切成整齐的段。
2.纵向将芦笋剖开,一分为二,切成粗条。
3.依次将剩下的芦笋切成粗条。

香菇烤芦笋

蛋白质 ◆◆◆◆	钙 ◆◆	时间：16分钟

材料：〔2人份〕

芦笋 / 350克　　　　　盐 / 2克
新鲜香菇 / 300克　　　橄榄油 / 15毫升
蒜 / 5瓣　　　　　　　黑胡椒 / 适量

做法：

1.洗净芦笋，去除根部和硬皮；新鲜香菇去蒂头切片；蒜切成蒜末。

2.预热烤箱至190℃，把芦笋平铺在铺了锡纸的烤盘上，撒上盐、黑胡椒和一半蒜末。

3.淋上10毫升橄榄油，放入烤箱烤6分钟，中途翻面一次。

4.烤芦笋的同时，用平底锅中火加热，不加油直接加入香菇片和剩余蒜末，加盖烧热，中途需翻面。

5.待香菇微缩但未出水时，加入盐、黑胡椒和剩余橄榄油翻搅。

6.把芦笋从烤盘中取出，放入长盘，放上香菇即可。

营养笔记：
芦笋中含有丰富的叶酸，大约5根芦笋就含有100多微克，已达到每日需求量的 $\frac{1}{4}$。所以多吃芦笋能起到补充叶酸的作用，是孕妇补充叶酸的良好来源之一。

■ 莲藕 ■

　　莲藕中含有黏液蛋白和膳食纤维，能减少人体对脂类的吸收。莲藕含有大量的单宁酸，有收缩血管的作用，可用来止血。在根茎类食物中，莲藕淀粉含量高，用其代替部分主食，可起到纤体瘦身的功效。

营养含量分析表 〔每100克含量〕	
热量	292.8千焦
蛋白质	1.9克
糖类	16.4克
膳食纤维	1.2克
维生素A	3微克
维生素C	44毫克
维生素E	0.73毫克
钾	243毫克

● 选购保存

要选择两端的节很细、藕身圆而笔直、用手轻敲声厚实、皮颜色为淡茶色、没有伤痕的莲藕。莲藕容易变黑，没切过的莲藕可在室温下保存一周。

● 刀工处理：切薄片

1.取一块洗净去皮的莲藕，运用直刀法改刀。
2.下刀，将莲藕切成薄片。
3.用此法将整段莲藕全部切片。

烤藕片

蛋白质 ◆◆◆　钙 ◆◆　时间：25分钟 ⏱

材料：〔2人份〕

去皮莲藕 / 1节　　　五香粉 / 少许
洋葱 / 半个　　　　白糖 / 适量
蒜 / 6瓣　　　　　盐 / 适量
香菜 / 适量　　　　食用油 / 适量
熟白芝麻 / 适量　　辣椒粉 / 少许
啤酒 / 适量　　　　孜然粉 / 少许
椒盐粉 / 少许
白胡椒粉 / 少许

做法：

1.把莲藕切薄片，浸泡于凉水中。

2.把洋葱、蒜切末；香菜切碎备用。

3.用开水煮藕片半分钟，捞起后于凉水中浸泡。

4.把椒盐粉、白胡椒粉、五香粉、白糖、辣椒粉、孜然粉和盐混合。

5.锅里添食用油，放入洋葱末、蒜末爆香后加入混合调料粉，炒香后，再倒入啤酒，然后关火。

6.把藕片放进锅里，与锅内食材一起搅拌均匀。

7.放入预热至170℃的烤箱，烤5分钟后取出，将藕片翻面，撒上白芝麻，再烤5分钟，烤好后取出装盘撒上香菜即可。

■ 洋葱 ■

　　洋葱是为数不多的含前列腺素 A 的植物之一，前列腺素 A 是天然的血液稀释剂，能扩张血管、降低血液黏度，从而预防血栓发生。洋葱所含的微量元素硒是一种很强的抗氧化剂，能消除体内的自由基，具有防癌、抗衰老的功效。

营养含量分析表〔每100克含量〕	
热量	163.1千焦
蛋白质	1.1克
糖类	9克
膳食纤维	0.9克
维生素C	8毫克
钙	24毫克
镁	15毫克
锌	0.23毫克

● 选购保存

要挑选球体完整、没有裂开或损伤、表皮完整光滑、外层保护膜较多的洋葱。把洋葱装进不用的丝袜里，在每个中间打个结，吊在通风的地方，可以保存很久。

● 刀工处理：切丝

1.取整个洗净去皮的洋葱，一分为二。
2.将洋葱斜放在砧板上，用刀纵向切成细丝即可。

拉丝洋葱圈

蛋白质 ◆◆◆◆　　钙 ◆◆◆◆　　时间：50分钟 ⏱

材料：〔2人份〕
洋葱 / 3个
面粉 / 100克
面包糠 / 120克
蛋液 / 80克
芝士 / 3片

做法：
1.洋葱横切成厚度1厘米左右的洋葱圈（洋葱上面有一层薄膜最好去掉）。
2.芝士切成细条状；选出两圈大小不同的洋葱圈，把奶酪条放在中间填满缝隙。
3.把洋葱圈依次裹上面粉、蛋液、面包糠。
4.洋葱圈放入预热好的烤箱中，以上、下火180℃烤10分钟即可。

焗烤金枪鱼通心粉

蛋白质 ◆◆◆◇　　钙 ◆◆◆◇　　时间：35分钟 ⏱

材料：〔2人份〕

罐装金枪鱼 / 60克　　熟鸡蛋 / 1个

玉米粒 / 50克　　　　芝士碎 / 20克

通心粉 / 200克　　　蛋黄酱 / 30克

青椒 / 70克　　　　胡椒碎 / 3克

红椒 / 70克　　　　盐 / 2克

洋葱 / 70克　　　　橄榄油 / 适量

火腿 / 50克

做法：

1.将通心粉煮9~10分钟。

2.火腿切条；鸡蛋切丁，备用。

3.青椒、红椒均切丁；洋葱切末。

4.锅内注入适量橄榄油，下入除金枪鱼、通心粉外的食材翻炒，待散发出香味后盛入碗中。

5.加入通心粉和金枪鱼肉。

6.依次加入蛋黄酱、盐、胡椒碎拌匀。

7.将食材放入小铸铁碗中，表面撒芝士碎。

8.放入已预热的烤箱内，以200℃烤10～15分钟即可。

步骤1

步骤2

步骤4

步骤5

营养笔记：

洋葱富含前列腺素A、类黄酮、皂苷等具有营养功效的成分。这些物质在抗氧化、降血脂、提高免疫力，包括抗肿瘤等方面都具有一定的功效。

■ 香菇 ■

香菇不仅具有清香独特的风味，还含有丰富的营养素。属于"四高一低"（蛋白质、维生素、矿物质、膳食纤维高，脂肪含量低）的绿色健康食物。香菇含有大量可以转化为维生素 D 的麦角固醇和菌固醇，经过晾晒制成干香菇，作为膳食中补充维生素 D 的来源，对强壮骨骼非常有益。

营养含量分析表 [每100克含量]	
热量	79.4千焦
蛋白质	2.2克
脂肪	0.3克
糖类	5.2克
膳食纤维	3.3克
维生素C	2毫克
烟酸	1毫克
钾	20微克

● 选购保存

鲜香菇一般以体圆齐整、菌伞肥厚、盖面平滑的为佳；干香菇应选择水分含量较少的。鲜香菇直接用保鲜袋装好，放入冰箱冷藏室贮存即可；干香菇放在干燥、阴凉、通风处可长期保存。

● 刀工处理：切块

1.取洗净的香菇，将柄切除，将香菇从中间切成两半。
2.沿着与刀口垂直的方向再切一刀即可。

奶酪烤香菇

蛋白质 ◆◆◆　钙 ◆◆　时间：18分钟 ⏱

材料： 〔3人份〕

香菇 / 6个

奶酪方块 / 6个

意式香草碎 / 少许

盐 / 少许

黑胡椒 / 少许

橄榄油 / 少许

做法：

1.香菇去蒂头。

2.烤盘刷油，将蘑菇头朝下放置在烤盘上，撒上少许盐。

3.烤箱预热至190℃，放入蘑菇烤5分钟。

4.拿出烤好的蘑菇，在蘑菇上面放上奶酪块。

5.撒上意式香草碎，再放进烤箱烤5分钟。

6.取出，撒上少许盐、黑胡椒即可。

营养笔记：

香菇富含菌类多糖，膳食纤维含量较高。我国居民膳食中的膳食纤维摄入量普遍不足，适当增加摄取是有益的。香菇多糖还有一定的免疫调节作用。

烤香菇

蛋白质 ◆◆◆　钙 ◆　时间: 30分钟 ☟

材料：〔1 人份〕

香菇 / 200克

烧烤粉 / 5克

盐 / 3克

香麻油 / 15毫升

孜然粉 / 适量

食用油 / 适量

做法：

1.将洗净的香菇柄切除，切十字花刀待用。

2.取适量的烧烤粉、食盐、孜然粉、食用油、香麻油、香菇倒入容器搅拌均匀，腌渍10分钟。

3.将腌渍好的香菇花纹一致地穿到竹扦子上。

4.将烤串放在烤网上，放入烤箱。

5.将上、下火温度调至220℃，烤15分钟即可。

营养笔记：

蘑菇虽好，但不要大量食用。建议健康人群平均每天吃鲜蘑菇或水发后的蘑菇不超过50～100克，这样既可以丰富蔬菜的种类又可以增加膳食纤维摄入量，对预防慢性病的发生有帮助。

材料：〔2人份〕

比萨面皮：

高筋面粉 / 200克

酵母 / 3克

黄奶油 / 20克

水 / 80毫升

盐 / 1克

白糖 / 10克

鸡蛋 / 1个

馅料：

芝士丁 / 40克

鸡蛋 / 1个

洋葱丝 / 20克

玉米粒 / 30克

香菇片 / 20克

胡萝卜丝 / 30克

黑胡椒粉 / 适量

做法：

1.高筋面粉倒入案台上，用刮板开窝。加入水、白糖，搅匀。

2.加入酵母、盐，搅匀。

3.放入鸡蛋，搅散。

4.刮入高筋面粉，混合均匀。

5.倒入黄奶油，混匀。

6.将混合物搓揉成光滑的面团，取一半面团，用擀面杖均匀擀成圆饼状面皮。

7.将面皮放入比萨圆盘中，用叉子在面皮上均匀地扎上小孔，放在常温下发酵1小时。

8.发酵好的面皮上倒入打散的蛋液，撒上黑胡椒粉，放上玉米粒、洋葱丝、香菇片、胡萝卜丝、芝士丁，比萨生坯制成。

9.预热烤箱，温度调至上、下火200℃。将比萨生坯放入预热好的烤箱中，烤10分钟至熟即可。

■ 紫薯 ■

紫薯富含蛋白质、淀粉、纤维素、维生素及多种矿物质，此外还富含硒元素和花青素。其富含的花青素有改善视力、美肤、抗氧化的作用。其中的硒具有抗氧化、维持身体正常免疫、抗病毒、抗肿瘤的作用。

营养含量分析表 [每100克含量]	
热量	292.8千焦
蛋白质	1.9克
脂肪	0.2克
糖类	15.9克
膳食纤维	1.7克
维生素C	26毫克
钙	23毫克
硒	0.48微克

● 选购保存

紫薯一般以纺锤形状，表面光滑，表皮无黑色斑点为好。紫薯买回来后，可放在外面晒一天，保持它的干爽，然后放到阴凉通风处。

● 刀工处理：切条

1.取洗净的紫薯去皮，刀与紫薯呈平行，直刀切出1厘米厚的紫薯片。
2.把几个紫薯片叠放在一起，切成数条宽1厘米的紫薯条即可。

紫薯泡芙

蛋白质 ◆◆◆◆　钙 ◆◆◆　时间：90分钟

材料：〔10人份〕

泡芙体：

低筋面粉 / 180克

无盐黄油 / 105克

鸡蛋 / 5个

细砂糖 / 20克

盐 / 2克

馅料：

紫薯 / 2个

亚麻籽 / 10克

小麦胚芽 / 20克

牛奶 / 50毫升

椰蓉 / 20克

做法：

泡芙体：

1.将250毫升清水、软化黄油、细砂糖、盐放入不粘锅中，用中火将混合物煮至沸腾，离火，趁热筛入低筋面粉，用刮刀拌匀。将面糊放回火源，以中小火加热面糊，搅拌加热至约80℃，离火盛出。

2.将5个鸡蛋混合打散，将混合后的蛋液分次加入到步骤1的面糊之中，拌匀，融合至用刮刀将面糊拉起来成成倒三角的状态即可。

3.将制作好的泡芙面糊填入裱花袋内，挤在铺好烘焙油纸的烤盘上，用勺子把泡芙尖压平。

4.烤箱预热200℃，放在烤箱中层烤约20分钟至泡芙体完全鼓起，在烤箱余温中烘5分钟再取出。

泡芙馅：

1.紫薯煮熟，捞出去皮，用料理棒把紫薯压成泥，加入小麦胚芽、椰蓉和亚麻籽拌匀，倒入牛奶搅拌成糊状，填入裱花袋。

2.用小刀在泡芙上切开一口，挤入紫薯泥即可。

丹麦紫薯面包

蛋白质 ◆◆◆　钙 ◆◆　时间：150分钟 ⏱

材料：〔3人份〕

高筋面粉 / 170克　　干酵母 / 5克

低筋面粉 / 30克　　水 / 88毫升

细砂糖 / 50克　　鸡蛋 / 40克

黄油 / 20克　　片状酥油 / 70克

奶粉 / 12克　　紫薯泥 / 适量

盐 / 3克

做法：

1.将低筋面粉倒入装有高筋面粉的玻璃碗中，拌匀。

2.倒入奶粉、干酵母、盐，拌匀，倒在案台上，用刮板开窝。

3.倒入88毫升水、细砂糖，搅拌均匀，放入鸡蛋，将材料混合均匀，揉搓成湿面团，再加入黄油，揉搓成光滑的面团。

4.用擀面杖将片状酥油擀薄，待用。

5.将面团擀成薄片，放上酥油片，将面皮折叠，把面皮擀平。

6.先将三分之一的面皮折叠，再将剩下的折叠起来，放入冰箱，冷藏10分钟。

7.取出，继续擀平，将上述动作重复操作两次，用擀面杖将面皮擀薄，用刀把边缘切齐整，再分切成3个大小均等的长方片。

8.取其中一块，切成3个大小均等的方片，在面皮中心处放上适量紫薯泥，将面皮四角向中心折，粘在紫薯泥上，依此将余下的材料制成生坯。

9.把生坯装在烤盘里，在常温下发酵90分钟。把烤箱调为上、下火190℃，预热5分钟后放入烤箱烤15分钟即可。

步骤4

步骤6

步骤8

步骤9

■ 红薯 ■

红薯富含糖类、膳食纤维、生物类黄酮、维生素C、类胡萝卜素、钾等多种营养成分。其中的钾、β–胡萝卜素、叶酸、维生素C和维生素B₆，均有助于预防心血管疾病的发生。

营养含量分析表 [每100克含量]	
热量	426.7千焦
蛋白质	1.1克
脂肪	0.2克
糖类	24.7克
膳食纤维	1.6克
维生素C	26毫克
钙	23毫克
胡萝卜素	750微克

● 选购保存

红薯应挑选纺锤形状，表面光滑，表皮无黑色斑点且无霉味的为宜。红薯买回来后先摊开晒晒太阳，再用纸包裹起来放在阴凉处保存，这样可增加红薯的甜度，可保存3~4个星期。

● 刀工处理：切块

1.取洗净的红薯去皮，刀与红薯呈垂直，切出2厘米厚圆块。
2.把几个圆块叠放在一起，切成数条宽2厘米的条状，再以2厘米为距离切成小方块即可。

芝士焗红薯

蛋白质 ◆◆◆◆　　钙 ◆◆◆　　时间：18分钟 ❤

材料：〔2 人份〕
红薯 / 2 个
鸡蛋 / 1 个
牛奶 / 20 毫升
黄油 / 20 克
蜂蜜 / 10 克
芝士片 / 1 片

做法：

1. 红薯洗净，从侧面削掉一小块。

2. 将切好的红薯放入蒸锅，蒸熟。

3. 将红薯肉全部挖出来，注意不能将表皮弄破。

4. 在挖出来的红薯肉中加入牛奶。

5. 加入一个鸡蛋。

6. 淋上黄油和蜂蜜，拌匀。

7. 将拌好的红薯再填入红薯壳中，压紧。

8. 在红薯上放上芝士片，放入烤箱以180℃，烤约10分钟即可。

营养笔记：
薯类淀粉含量比普通蔬菜高，属于低脂肪高纤维的食品。但是薯类与大米白面相比，饱腹作用强，能帮助预防肥胖和糖尿病，还有利于控制血压。

Part

田园鲜果的甜蜜现身

比起四季鲜蔬、滋味肉食、鱼虾鲜味，田园鲜果似乎总是更容易被众人遗忘和忽略，但平日里那些甜蜜的美食享受中，却有不少都是鲜果所带来的。

■ 苹果 ■

　　苹果的口味，没有明显的酸涩，也不过分的甜腻，其平和的味道甚是讨人喜欢。苹果中最突出的优势是含有丰富的果胶和黄酮类物质，例如绿原酸、槲皮素、儿茶酚等，这些功能性成分对我们的健康大有益处。流行病学研究发现，常吃苹果，可以帮助降低患癌症、心血管疾病等多种疾病的风险。

营养含量分析表〔每100克含量〕	
热量	217.5千焦
蛋白质	0.2克
脂肪	0.2克
糖类	13.5克
膳食纤维	1.2克
维生素C	4毫克
钙	1.53毫克
维生素E	2.12毫克

● 选购保存

购买苹果时，要选择形状较圆的、掂在手里沉甸甸的，同时散发出果香的为宜。把苹果装在塑料袋里放入冰箱，能够保存较长的时间。

● 刀工处理：切片

1.取半个洗净的苹果，将果肩处切除，再切除果脐和果核。
2.修整果核部位的果肉。
3.刀口以垂直于果核的方向，将整块苹果切成片。

苹果紫薯焗通心粉

蛋白质 ◆◆ 钙 ◆◆ 时间：25分钟 ⏱

材料：〔1人份〕
芝士 / 40克
荷兰豆 / 40克
通心粉 / 160克
苹果 / 100克
去皮紫薯 / 90克
盐 / 3克
黄油 / 适量

做法：
1.将洗净的苹果去核，切片。
2.把紫薯对半切开，切成片。
3.沸水锅中加入盐和黄油，加热至溶化。
4.倒入通心粉、荷兰豆，煮至熟软。
5.将焯煮好的食材盛入盘中，待用。
6.往盘中交错摆放上苹果片、紫薯片，铺上芝士，待用。
7.放入预热好的烤箱，以上、下火均为180℃，烤10分钟即可。

营养笔记：
荷兰豆相比其他蔬菜，蛋白质、胡萝卜素含量颇高，无论是对成长阶段的孩子，还是成人而言，都是相当不错的健康绿色食物选择。

苹果干

蛋白质 ◆ 钙 ◆ 时间: 1分钟 🕙

材料：〔3人份〕
苹果 / 1个
盐 / 适量

做法：
1.把苹果切成薄片，放入加了盐的水中浸泡片刻。
2.把苹果片平铺在烤盘上。
3.放入预热好的烤箱以180℃烤22分钟即可。

步骤1

步骤2

营养笔记：
苹果中所含丰富的果胶能使大肠内的粪便变软，利于排便，同时可以改善肠道菌群环境，从而降低患结肠癌的风险。

■ 草莓 ■

　　草莓含丰富的果糖、蔗糖、葡萄糖、柠檬酸、苹果酸、果胶、胡萝卜素、维生素 C、维生素 B_1、维生素 B_2、烟酸及矿物质钙、镁、磷、钾、铁等。其富含的维生素 C 有抗氧化、促进铁的吸收、提高免疫力等功效。

营养含量分析表 [每100克含量]	
热量	125.5千焦
蛋白质	1克
脂肪	0.2克
糖类	7.1克
膳食纤维	1.1克
维生素C	47毫克
钙	18毫克
胡萝卜素	30微克

● 选购保存

　　买草莓时，宜选择心形，大小一致，表面光亮，无损伤腐烂，全果鲜红均匀，带有浓厚果香的草莓。把草莓装入大塑料袋中，扎紧袋口，防止失水、干缩变色，然后以0～3℃冷藏，保持一定的恒温，切忌温度忽高忽低。

草莓塔

| | 蛋白质 ◆◆◆ | 钙 ◆◆◆ | 时间：100分钟 |

材料：〔3人份〕

卡士达酱：
蛋黄 / 2个
牛奶 / 170毫升
细砂糖 / 50克
低筋面粉 / 16克

杏仁馅：
奶油 / 75克
糖粉 / 75克
杏仁粉 / 75克

鸡蛋 / 2个

挞皮：
糖粉 / 75克
低筋面粉 / 225克
黄奶油 / 150克
鸡蛋 / 1个

装饰材料：
草莓 / 适量

做法：

1.将黄奶油装入碗中，加入75克糖粉，拌匀，打入1个鸡蛋，拌匀，加入110克低筋面粉，拌匀，再加入110克低筋面粉，拌匀，并揉成面团。

2.在台面上撒适量低筋面粉，将面团搓成长条，分两半，用刮板切成小剂子，放手上搓圆，沾上适量低筋面粉，粘在蛋挞模上，沿着边沿按紧。

3.将2个鸡蛋打入容器中，加入75克糖粉，拌匀，放入奶油、杏仁粉，拌成糊状，制成杏仁馅。

4.将拌好的杏仁馅装入蛋挞模中，至八分满即可，把蛋挞模放入烤盘中，放入预热好的烤箱中，以上、下火180℃，烤 20分钟至其熟透。

5.将牛奶煮开，放入细砂糖、蛋黄、16克低筋面粉，拌煮成糊状，即成卡士达酱。

6. 从烤箱中取出烤好的蛋挞，去除蛋挞模具，将其放在盘中；用刮板将卡士达酱装入裱花袋中；用刀将草莓一分为二，但不切断；将卡达士酱挤在蛋挞上，放上草莓即成。

■ 牛油果 ■

　　牛油果含蛋白质、糖类、膳食纤维、脂肪、维生素A、维生素C、胡萝卜素、维生素B₁、钾、钠、镁、钙、磷等多种营养成分。牛油果是叶酸的良好来源，叶酸可以预防胎儿神经管畸形、巨幼红细胞贫血的发生，还具有降低心血管发病率等功效。

营养含量分析表 〔每100克含量〕	
热量	673.6千焦
蛋白质	2克
脂肪	15.3克
糖类	5.3克
膳食纤维	2.1克
维生素C	8毫克
钙	11毫克
维生素B₃	1.9毫克

● 选购保存

外皮坚韧粗糙、颜色为浓郁绿色的牛油果是新鲜的；用手按压或捏果实，软硬适中，稍微可以按得动的，是最适合食用的状态，可以买回直接食用。按着硬的买回可以储存几天后再食用。买回来的牛油果放在篮子里，置于通风阴凉处即可。

● 刀工处理：切块

1.用手按住牛油果的一边，用刀纵向围绕着核切割牛油果，掰开呈两半，按住带核的一半纵向绕核切，掰开，去核。
2.用小餐刀在牛油果上打花刀，但注意不要切到皮，再用小勺挖起牛油果即可。

鲜虾牛油果烤南瓜芦笋沙拉

蛋白质 ◆◆◆　　钙 ◆◆◆　　时间：40分钟 ♥

材料：〔2人份〕

虾仁 / 200克　　　　盐 / 少许

牛油果 / 1个　　　　黑胡椒 / 少许

切块南瓜 / 200克　　橄榄油 / 适量

切段芦笋 / 150克　　料酒 / 少许

切块小黄瓜 / 180克　焙煎芝麻沙拉酱 / 适量

蒜末 / 适量

做法：

1.在虾仁中加入盐、黑胡椒、蒜末、料酒抓匀，备用。

2.烤箱预热至180℃，把南瓜和芦笋放在铺了锡纸的烤盘上，撒上少许盐和黑胡椒，淋上少许橄榄油，放入烤箱烤15分钟。

3.牛油果对半切开，去皮去核后切成小块备用。

4.取平底锅放入适量油烧热，放入腌渍好的虾仁炒至熟透。

5.把所有食材装盘，配上焙煎芝麻沙拉酱即可食用。

鲜虾牛油果开口三明治

蛋白质 ◆◆◆   钙 ◆◆◆   时间：45分钟 ⏱

材料：〔4 人份〕

虾仁 / 8个	柠檬汁 / 少许
切块牛油果 / 150克	盐 / 适量
洋葱末 / 60克	黑胡椒 / 少许
无边面包片 / 2片	辣椒粉 / 适量
蒜末 / 适量	橄榄油 / 适量

做法：

1. 虾仁中加入柠檬汁、橄榄油、盐和辣椒粉腌渍。
2. 把牛油果肉捣成泥，加入洋葱末混合，再加入柠檬汁、橄榄油和盐拌匀。
3. 烤箱预热至180℃，放入面包片烤10分钟。
4. 等待烤箱的同时，取平底锅中火加热，加入橄榄油炒香蒜末，再放入虾仁煎熟。
5. 取出烤过的面包片，每片涂上一层洋葱牛油果酱，摆上四个虾仁，再撒上黑胡椒即可。

营养笔记：

牛油果中含有抗氧化的维生素E、维生素C及多酚类等物质，都是天然的抗氧化剂。它不仅有滋润肌肤的作用，还可以提高机体的抗氧化能力，延缓细胞衰老的速度。

牛油果酿鸡胸

蛋白质 ◆◆◆◆　钙 ◆◆◆　时间：50分钟 ⌄

材料： 〔6 人份〕
鸡胸肉 / 300克
牛油果 / 3个
蒜末 / 适量
辣椒粉 / 适量
橄榄油 / 适量
盐 / 适量
黑胡椒 / 适量

做法：

1. 在锅中放入橄榄油，烧热后加入蒜末炒香，加入水，放入鸡胸肉，炖煮10分钟后取出。
2. 将鸡胸肉撕成鸡肉丝，加入辣椒粉、黑胡椒和盐翻搅匀备用。
3. 牛油果对半切开，去核。
4. 填入鸡胸肉后，放入烤箱，以180℃烤8～10分钟即可。

营养笔记：
牛油果的膳食纤维含量高，能促进肠道蠕动，助消化，预防便秘。

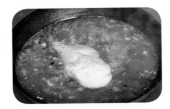

步骤1

步骤2

步骤3

步骤4

■ 菠萝 ■

　　菠萝含糖类、类胡萝卜素、维生素 B_1、维生素 B_2、维生素 C 及钙、镁等营养成分。菠萝中含有较多的蛋白酶，如果在做肉类美食时，可先把菠萝与肉丁混合在一起，能够起到一定的嫩肉效果。

营养含量分析表 [每100克含量]	
热量	171.5千焦
蛋白质	0.5克
脂肪	0.1克
糖类	10.8克
膳食纤维	1.3克
维生素C	18毫克
钙	12毫克
钾	113毫克

● 选购保存

买菠萝时，宜选择呈圆柱形或两头稍尖的卵圆形，大小适中的。买回来后，完整的菠萝要在避光、阴凉、通风的地方储存。

● 刀工处理：切块

1.将菠萝从中间切成两半。
2.取其中一块菠萝，用斜刀从一端开始将菠萝切块。
3.把余下的菠萝按照同样方式切块即可。

无油少糖菠萝蛋糕

| 蛋白质 ◆◆◆ | 钙 ◆◆◆ | 时间：60分钟 |

材料：〔2人份〕
低筋面粉 / 80克
鸡蛋 / 1个
菠萝粒 / 120克
酸奶 / 120克
泡打粉 / 1克

做法：
1.把泡打粉加入低筋面粉中。
2.把鸡蛋打入碗中搅拌，加入酸奶混合搅拌均匀。
3.低筋面粉过筛，筛入蛋液酸奶中，搅拌。
4.在烤箱容器中铺入烘焙纸，以一层面糊、一层菠萝粒的交替顺序连铺四层食材。
5.放入预热至200℃的烤箱，烤25～30分钟即可。

营养笔记：
菠萝水分足、热量低且富含丰富的膳食纤维，这就是菠萝作为瘦身水果之一的秘密。但是切忌不要过量或食用未经处理的菠萝，过多的菠萝蛋白酶容易刺激口腔黏膜，严重的会出现皮肤发痒等过敏症状。

菠萝牛奶布丁

蛋白质 ◆◆◆◆ 钙 ◆◆◆ 时间：70分钟

材料：〔4人份〕
牛奶 / 500毫升
香草粉 / 10克
蛋黄 / 2个
鸡蛋 / 3个
菠萝粒 / 15克
细砂糖 / 40克

做法：

1.将锅置于火上，倒入牛奶，用小火煮热，加入细砂糖、香草粉，改大火，搅拌匀，关火后放凉。

2.鸡蛋、蛋黄倒入玻璃碗，用搅拌器拌匀。

3.把放凉的牛奶慢慢地倒入蛋液中，边倒边搅拌混合。

4.将拌好的材料用筛网过筛两次。

5.先倒入量杯中，再倒入牛奶杯至八分满。

6.将牛奶杯放入烤盘中，倒入适量清水，将烤盘放入烤箱中，调成上火160℃、下火160℃烤15分钟。

7.取出烤好的牛奶布丁，放凉，放入菠萝粒装饰即可。

步骤1   步骤3   步骤7

营养笔记：
菠萝含有丰富的类胡萝卜素、维生素B$_2$，能滋养肌肤，防止皮肤干裂，还可以增强自身免疫力。

■ 圣女果 ■

　　圣女果含丰富的维生素 C、维生素 B_1、维生素 B_2、番茄红素、有机酸、糖类、钙、钾、镁、膳食纤维等多种营养成分。其富含的番茄红素等抗氧化物，能抗衰老，预防心血管疾病，防癌抗癌，防辐射。

营养含量分析表〔每100克含量〕	
热量	92千焦
蛋白质	1克
脂肪	0.2克
糖类	4克
膳食纤维	1.8克
钙	12毫克
叶酸	61.8微克
钾	238毫克

● 选购保存

购买圣女果时，要挑选表皮比较光滑的，果实大而且根蒂新鲜，颜色是红而且透亮的为好。

一般来说圣女果硬点是没有关系的。如果摸起来很软，就说明已经放很久了。保存时，将圣女果放进保鲜袋里，密封放进冰箱中，细菌不容易进入，可保存2~3天。

彩虹吐司比萨

材料：〔2人份〕

全麦吐司片 / 2片　　　胡萝卜 / 半个

马苏里拉芝士片 / 3片　口蘑 / 1个

青豆粒 / 1把　　　　　圣女果 / 5个

玉米粒 / 1把　　　　　蓝莓 / 1把

紫甘蓝 / 3片　　　　　番茄酱 / 适量

西蓝花 / 4朵

做法：

1.将紫甘蓝洗净切丝；西蓝花洗净切碎；口蘑、部分胡萝卜及圣女果全部切丁；青豆粒、玉米粒洗净焯熟备用。

2.在两片吐司上抹少许番茄酱，分别放上一片马苏里拉芝士片，将另外一片芝士片切条补全不足的地方。

3.将蔬菜粒由浅至深依次摆在吐司上。

4.烤箱调至180℃，进行预热，将彩虹吐司放入中层，烤10分钟即可。

5.剩余的胡萝卜切丝，与蓝莓摆在盘边作装饰。

营养笔记：
富含微量元素硒的口蘑是良好的补硒食品，它能够防止过氧化物损害机体、同时提高机体免疫力。

材料：〔4 人份〕

吐司面包 / 2片　　　　蘑菇 / 50克

小番茄 / 150克　　　　芝麻菜 / 适量

绿甜椒 / 半个　　　　　橄榄油 / 适量

黄甜椒 / 半个　　　　　黄油 / 30克

马苏里拉芝士碎 / 适量

做法：

1.把黄油均匀涂在面包片上，放置在铺好烘焙纸的烤盘上。

2.小番茄切片；黄、绿甜椒去籽并切成小条；蘑菇切片，把食材摆放在面包上。

3.淋上橄榄油，铺上芝士碎，放入200℃烤箱中烤制10分钟。

4.取出摆盘，放上芝麻菜装饰即可。

营养笔记：

圣女果富含维生素C，具有美肤、抗氧化、促进难以吸收的三价铁还原成易于吸收的二价铁的作用。对于经常发生牙龈出血或皮下出血的患者，吃圣女果有助于改善症状的作用。

步骤1　　　　　　　步骤2　　　　　　　步骤3

什锦烤串

蛋白质 ◆◆　　钙 ◆◆　　时间：60分钟 ⏱

材料：〔3人份〕

鲜虾 / 3只	小番茄 / 6个
培根 / 3片	柠檬 / 半个
玉米 / 1根	蒜泥 / 5克
杭椒 / 3个	盐 / 2克
菠萝 / 2大块	料酒 / 10毫升

做法：

1.鲜虾洗净去除虾须和虾枪，用蒜泥、盐、料酒腌渍20分钟使其入味。

2.杭椒去掉老根和蒂，切成小段；将培根平铺，卷上杭椒，备用。

3.玉米切段；菠萝切小块；小番茄洗净；柠檬切小瓣，然后把准备好的材料穿成串。

4.将什锦串放在烤架上，放入预热好的烤箱中层，以200℃烤约15分钟即可。

步骤1

步骤2

步骤3

步骤4

营养笔记：

深红色的圣女果中的番茄红素高，胡萝卜素少，而橙色的圣女果中胡萝卜素相对比较高，番茄红素含量相对少。如果想获得番茄红素，那么颜色越深红、成熟度越高的含量就越多。

■ 山楂 ■

山楂被人们称为"长寿果"，富含丰富的苹果酸、柠檬酸、解脂酶、维生素C、胡萝卜素、槲皮苷、类黄酮等营养物质。其中的苹果酸、柠檬酸可以很好地刺激食欲，促进胃酸的分泌，帮助消化，增强胃肠道功能。

营养含量分析表 [每100克含量]	
热量	426.7千焦
蛋白质	0.5克
脂肪	0.6克
糖类	25.1克
膳食纤维	3.1克
钙	52毫克
维生素C	53毫克
钾	299毫克

● 选购保存

买山楂时，形状扁圆、果点密而粗糙的果实偏酸，而形状近似正圆、果点小而光滑的果实则偏甜。山楂买回来后，用保鲜袋密封起来，把里面的空气全都挤出去，放到冰箱的冷藏室里，可保存较长时间。

果丹皮

蛋白质 ◆　钙 ◆◆◆◆　时间：110分钟 ☻

材料：〔4人份〕
新鲜山楂 / 800克
细砂糖 / 100 克

做法：

1.山楂洗净去核，切成小块。

2.山楂块、细砂糖倒进锅里，再加入适量清水，熬至山楂变软后关火。

3.用料理机搅打成果酱。

4.将果酱倒入锅内继续加热，用橡皮刮刀搅拌至果酱浓稠不滴落。

5.烤箱预热至150℃，再将果酱摊在铺好锡纸的烤盘内抹平。

6.烤箱上、下火150℃，中层烤60分钟左右至表面干爽，取出。

7.放凉后将整张果丹皮揭下，切掉四周不平整的地方，切成片，卷成卷即可。

营养笔记：
山楂所含黄酮类物质和维生素C、胡萝卜素等物质能阻断、减少自由基的生成，增强机体的免疫力，有抗衰老、抗癌的作用。其所含解脂酶可促进脂肪分解，而有机酸则有帮助消化的作用。

109

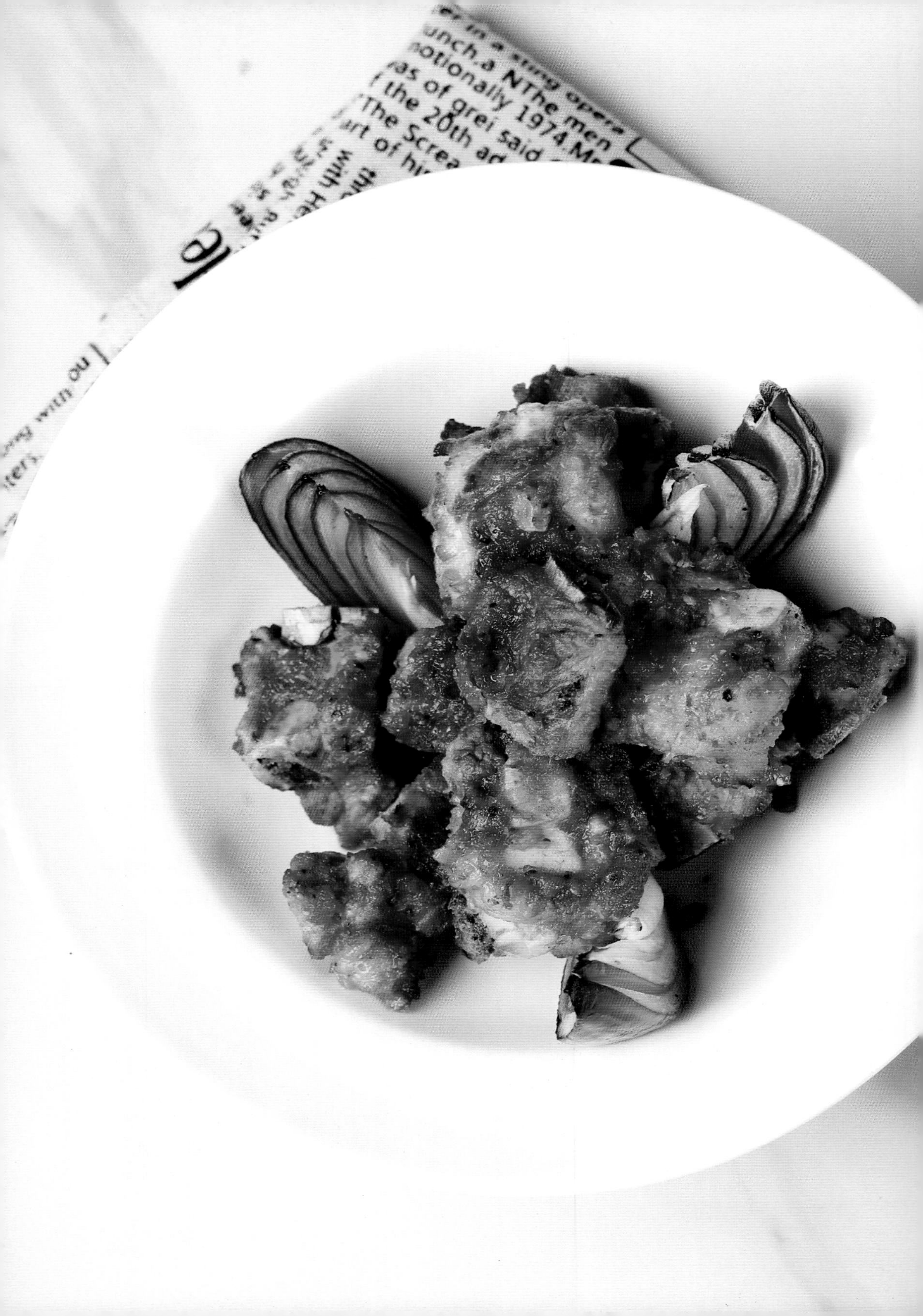

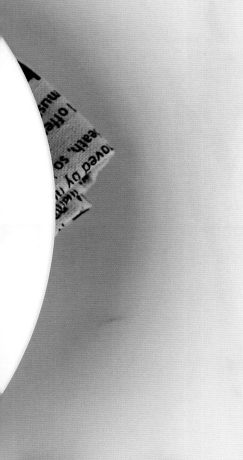

Part 4

滋味肉食的花样比拼

作为无肉不欢的肉食爱好者，最大的难题，莫过于如何给一个食材赋予千百种不同的味觉感受，以实现百吃不厌的体验，相信这里必定有你苦心寻觅的答案。

■ 鸡肉 ■

　　鸡肉是高蛋白、低脂肪的健康食品，其中氨基酸的组成与人体需要的十分接近，同时它所含有的脂肪酸多为多不饱和脂肪酸，极易被人体吸收。

营养含量分析表 [每100克含量]

热量	698.7千焦
蛋白质	19.3克
脂肪	9.4克
糖类	1.3克
维生素A	48微克
胆固醇	106毫克
钾	251毫克
钠	63.3毫克

● 选购保存

新鲜的鸡肉肉质紧密排列，颜色呈干净的粉红色，有光泽；皮呈米色，有光泽和张力，毛囊突出。鸡肉较容易变质，购买后要马上放进冰箱。

● 刀工处理：切丝

1.将鸡脯肉斜刀切成片状。
2.将鸡肉片改刀切成鸡丝。
3.将切好的鸡丝装入盘中备用。

● 鸡的肉用部位

鸡冠也称肉冠，是指头部背侧的肉质隆起，富含胶原蛋白，口感爽滑

鸡翅也称鸡翼、鸡翅膀，是整只鸡身最为鲜嫩可口的部位之一。鸡翅肉虽少，但有较多的筋，皮较厚，含丰富的胶质、脂肪

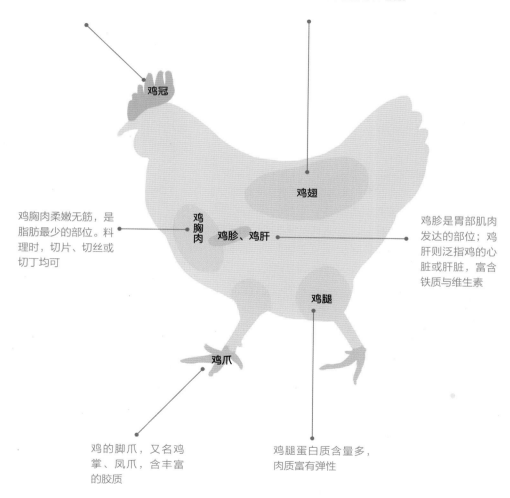

鸡冠

鸡翅

鸡胸肉柔嫩无筋，是脂肪最少的部位。料理时，切片、切丝或切丁均可

鸡胸肉

鸡胗、鸡肝

鸡胗是胃部肌肉发达的部位；鸡肝则泛指鸡的心脏或肝脏，富含铁质与维生素

鸡腿

鸡爪

鸡的脚爪，又名鸡掌、凤爪，含丰富的胶质

鸡腿蛋白质含量多，肉质富有弹性

113

番茄烤小鸡胸

蛋白质 ◆◆◆◆   钙 ◆◆◆   时间：100分钟 ⏱

材料：〔2 人份〕

小番茄 / 5个   黑胡椒 / 少许
大葱圈 / 30克   蚝油 / 适量
姜末 / 10克   蜂蜜 / 适量
小鸡胸肉排 / 2块   芝麻油 / 少许
盐 / 少许

做法：

1.把小番茄对半切备用。

2.把鸡胸肉放入大容器中，加入盐、姜末、黑胡椒、蚝油、芝麻油、蜂蜜、大葱圈和小番茄，搅拌均匀，腌渍60分钟。

3.把腌渍好的鸡胸肉连同酱汁放入烤箱容器中，用锡纸封住容器口。

4.把烤箱容器放入大的深烤盘中，往深烤盘中加水至1.5厘米深。

5.放入预热好的烤箱，以200℃烤制60分钟即可。

营养笔记：
葱含有大量微量元素硒，具有防止人体细胞老化的功能；其所含的刺激性气味的挥发油和辣素，可增强消化液的分泌，增进食欲。

材料：〔6人份〕

蒜末 / 30克

洋葱末 / 60克

辣椒末 / 60克

红色甜椒 / 120克

黄色甜椒 / 120克

香菜碎 / 适量

鸡胸肉 / 150克

芝士块 / 75克

淡奶油 / 200克

薄饼 / 6张

玉米 / 100克

盐 / 适量

胡椒粉 / 适量

橄榄油 / 适量

黑胡椒 / 适量

做法：

1.红、黄甜椒切成适宜入口的小段；鸡肉切成适宜入口的小块，备用。

2.倒少量橄榄油于煎锅中，放入鸡肉块以高温翻炒7～10分钟，放入盐与胡椒粉调味，放凉备用。

3.把一半的芝士块倒入大碗中，加入淡奶油与香菜拌匀，放入盐与黑胡椒调味。

4.煎锅中放入橄榄油烧热，加入洋葱末、蒜末、甜椒段、辣椒末与玉米，翻炒5～7分钟，加盐与黑胡椒调味搅拌。

5. 把鸡肉与翻炒好的甜椒玉米倒入淡奶油混合酱汁中，搅匀，制成馅料。

6.把馅料平铺满薄饼表面，卷紧后放到烤盘上。当烤箱预热至160℃时，烤上10分钟即可。

步骤1

步骤3

步骤5

柠檬咖喱鸡

蛋白质 ◆◆◆◆　钙 ◆◆◆◆　时间：50分钟 ✿

材料：〔2人份〕

鸡胸肉 / 2块　　　　辣椒 / 1个　　　　　浓汤宝 / 1块
姜 / 25克　　　　　蒜 / 2瓣　　　　　　盐 / 适量
番茄 / 2个　　　　　柠檬 / 半个　　　　　橄榄油 / 适量
洋葱 / 1个　　　　　淡奶油 / 200克　　　印度咖喱粉 / 5克
香菜 / 1捆　　　　　酸奶 / 150毫升

做法：

1.用擦丝器擦柠檬皮碎，柠檬取汁；蒜瓣切末；辣椒切碎；姜切末。

2.洗净鸡胸肉，擦干水分，切成适合入口的小块。

3.把鸡胸肉、酸奶、姜末、一半蒜末、一半印度咖喱粉、柠檬汁、柠檬皮碎装进一个大碗中，添入少许盐，搅拌均匀。

4.择下香菜茎，将其切碎；洋葱剥皮切丁；番茄切丁，备用。

5.将洋葱、另一半大蒜、碎辣椒、香菜茎末一起放进加了油的大平底锅中翻炒1分钟，加入番茄丁、另一半印度咖喱粉，炒3分钟。

6.把腌渍好的鸡肉放在铺有烘焙纸的烤盘上，当烤箱预热到180℃时，将烤盘放入烤15分钟，直到鸡胸肉变成金棕色。

7.将淡奶油和浓汤宝加入装有大蒜、碎辣椒、香菜茎末的大平底锅中搅拌均匀，烹煮1~2分钟，使它沸腾后，再以小火熬煮10分钟。

8.将烤制成功的鸡肉倒入装有奶油混合物的锅中并搅匀，倒出装盘，撒上香菜叶即可。

步骤3　　　　　　步骤6　　　　　　步骤7

葡式鸡胸肉

蛋白质 ◆◆◆　　钙 ◆◆◆　　时间：15分钟 ⏱

材料：〔2人份〕

鸡胸肉 / 4块　　　干白葡萄酒 / 适量
芝士片 / 4片　　　盐 / 2克
欧芹 / 少许　　　黑胡椒碎 / 3克
欧芹末 / 少许　　　橄榄油 / 适量
香草调料 / 适量

做法：

1.鸡胸肉洗净，用刀修饰成形，再用刀背拍松。

2.用盐、黑胡椒碎、香草调料、干白葡萄酒将鸡胸肉
抹匀，腌至入味。

3.锅中注入橄榄油烧热，放入鸡胸肉煎至两面金黄色，
盛出。

4.将煎过的鸡胸肉放在铺有锡纸的烤盘中，分别铺
上芝士片。

5.把烤盘移入预热好的烤箱，烤至芝士熔化。

6.取出烤好的鸡胸肉，装盘，点缀上洗净的欧芹，撒
上少许欧芹末即可。

步骤1

步骤2

步骤3

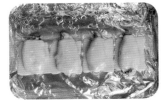

步骤4

121

蔬菜烤串

材料：〔4人份〕

口蘑 / 6 颗　　　　　　红甜椒 / 100克

鸡肉 / 250克　　　　　辣椒粉 / 10克

洋葱 / 100克　　　　　盐 / 少许

黄甜椒 / 100克　　　　黑胡椒粉 / 少许

做法：

1.口蘑对半切开，鸡肉切成小块，加盐、辣椒粉拌匀；洋葱、黄甜椒、红甜椒均切小块。

2.将黄甜椒、红甜椒、洋葱、口蘑装入碗中，加入盐、黑胡椒粉，拌匀，腌渍一会儿。

3.将腌渍好的蔬菜与鸡肉自由组合穿成串，放入铺有锡箔纸的烤盘中。

4.放入烤箱中，以上、下火180℃烤约10分钟即可。

营养笔记：

口蘑是一种较好的减肥美容食品。它所含的大量植物纤维，具有防止便秘、促进排毒、预防大肠癌、降低胆固醇含量的作用，而且它又属于低热量食品，可以预防肥胖疾病的发生。

步骤1

步骤2

步骤3

步骤4

烤百里香鸡肉饼

蛋白质 ◆◆◆◆　钙 ◆◆◆　时间: 60分钟 ⏱

材料：〔5人份〕

鸡腿 / 400克	生抽 / 10毫升
洋葱 / 20克	盐 / 3克
西芹 / 20克	白胡椒粉 / 3克
胡萝卜 / 20克	干淀粉 / 30克
百里香 / 3克	鸡粉 / 3克
鸡蛋 / 1个	食用油 / 适量
面粉 / 20克	

做法：

1.洋葱、西芹、胡萝卜切碎末。

2.洗净的鸡腿去骨去皮，剁成碎末，装碗备用。

3.百里香择下叶子，放入鸡腿肉末中。

4.放入洋葱末、西芹末、胡萝卜末。

5.加入盐、鸡粉、白胡椒粉、蛋清、干淀粉、食用油、面粉、生抽，拌匀。

6.倒入蛋黄，将碗中的食材拌成糊状。

7.烤盘铺上锡纸，刷上少许食用油。

8.将鸡腿肉糊倒在锡纸上，摊开呈饼状，备用。

9.烤盘放入烤箱，温度调成上、下火200℃，烤5分钟。

10.取出烤盘，在鸡肉饼上刷食用油。

11.将鸡肉饼翻面，再刷上食用油。

12.将烤盘放入烤箱中，继续烤5分钟至熟即可。

步骤2

步骤4

步骤5

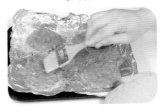

步骤10

■ 鸭肉 ■

鸭肉的脂肪含量适中，且分布较均匀，脂肪酸主要是以不饱和脂肪酸为主，易于消化。经常食用鸭肉，能补充人体必需的多种营养成分。鸭肉中富含人体所需的优质蛋白，既可以促进儿童生长发育，还能维持成人的健康。

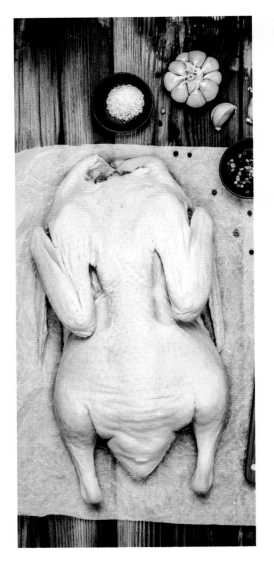

营养含量分析表 [每100克含量]	
热量	1004千焦
蛋白质	15.5克
脂肪	19.7克
维生素A	52微克
胆固醇	94毫克
钾	191毫克
钙	6毫克
铁	2.2毫克

● 选购保存

好的鸭肉体表光滑，呈现乳白色，切开后切面呈现玫瑰色。鸭肉处理干净后，按每次食用的量分多个袋子装好，入冰箱冷冻室内冷冻保存。

● 刀工处理：切块

1.将鸭脖斩断。
2.从鸭脯处用刀将鸭肉切成两半。
3.将半边鸭肉从中间一分为二。
4.将鸭肉剁成长条形，再切成块状即可。

烤鸭腿

蛋白质 ◆◆◆　　钙 ◆　　时间：170分钟 ✿

材料：〔2人份〕

鸭腿 / 220克	盐 / 3克
生姜 / 7克	料酒 / 5毫升
十三香 / 10克	生抽 / 5毫升
葱段 / 7克	老抽 / 3毫升
花椒粒 / 10克	食用油 / 适量
白糖 / 3克	

做法：

1. 沸水锅中放入鸭腿，氽煮片刻至变色后，捞出装碗。
2. 往鸭腿的碗中加入葱段、生姜、花椒粒、十三香。
3. 加入白糖、盐、料酒、生抽、老抽，拌匀腌渍2个小时。
4. 备好一个烤盘，往烤盘上均匀刷上适量食用油，放入鸭腿。
5. 烤盘装入烤箱，将上、下火温度调至220℃，烤制35分钟即可。

营养笔记：

鸭肉中的蛋白质含量高。此外，鸭肉中富含钾、镁、锌、硒等矿物质元素。鸭肉的脂肪主要分布在皮下，瘦身的人群可以选择不食用鸭皮。

橙汁南瓜鸭胸肉

蛋白质 ◆◆◆◆ 钙 ◆◆ 时间：45分钟 ⏱

材料：〔3 人份〕

鸭胸肉 / 200克	橄榄油 / 适量
南瓜 / 120克	黑胡椒 / 少许
奶油 / 适量	白糖 / 少许
橙汁 / 30毫升	盐 / 少许
橙子醋 / 30毫升	肉桂粉 / 少许

做法：

1.将洗净的鸭胸肉用部分橙子醋、黑胡椒抹匀，腌渍至入味。

2.平底锅中倒入橄榄油烧热，放入鸭胸肉，将鸭皮的油脂煎出来，直到表面收缩。

3.把鸭胸肉放入烤箱，以200℃烤5分钟，取出。

4.将余下的橙子醋、盐、白糖、部分橙汁加入用鸭皮煎出来的油脂中，煮成酱汁。

5.将洗净的南瓜去皮切片，先用开水烫一下，再下锅与白糖、奶油、肉桂粉、余下的橙汁一起煮熟，装盘。

6.鸭胸肉切片，装盘后淋上酱汁即可。

步骤1

步骤3

步骤5

步骤6

■ 猪肉 ■

　　猪肉富含优质蛋白、丰富的 B 族维生素，特别是维生素 B$_1$ 的良好食物来源，还为人体提供容易吸收的铁和锌等矿物质元素、脂溶性的维生素 A、维生素 D、维生素 E、维生素 K 等其他营养物质。相比牛肉和羊肉，猪肉的脂肪含量高，口味更香醇。猪肉脂肪含量虽高，但相比牛羊肉的饱和脂肪酸高达 40% 以上而言，猪肉的饱和脂肪酸含量相对较低。

营养含量分析表 [每100克含量]

热量	1652.6千焦
蛋白质	13.2克
脂肪	37克
糖类	2.4克
胆固醇	80毫克
钙	6毫克
铁	1.6毫克
维生素B$_1$	0.22毫克

● 选购保存

新鲜猪肉有光泽、红色均匀。将猪肉切成片，然后将肉片平摊在金属盆中，置冷冻室冻硬，用塑料薄膜逐层包裹起来，置冰箱冷冻室贮存即可。

● 刀工处理：切片

1.将猪肉的薄膜和脂肪去除。
2.把猪肉对切成两半。
3.再将猪肉切成若干块。
4.改直刀将猪肉切成薄片。
5.切好的肉片盛入盘中备用。

● 猪的肉用部位

猪的上肩肉，横切面瘦肉占90%，肉质鲜嫩，适合用来做叉烧肉、煎肉或烤肉，吃起来瘦而不柴，肉汁四溢

脊骨下面一条与大排骨相连的瘦肉，肉中无筋，是猪肉中最嫩的部位

位于臀部上面，都是瘦肉，肉质鲜嫩，一般可代替里脊肉

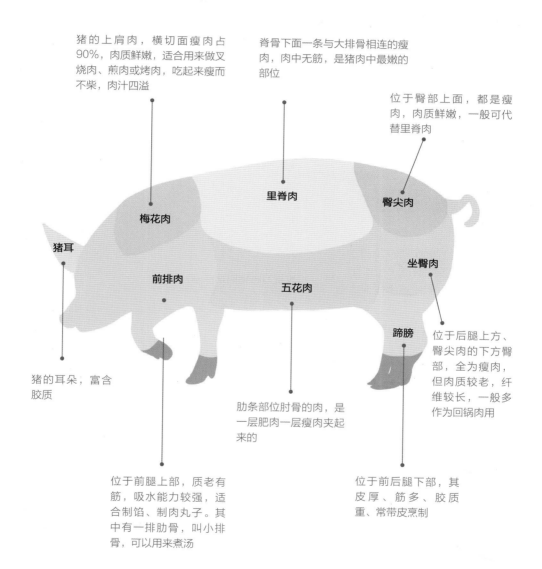

里脊肉

臀尖肉

梅花肉

猪耳

坐臀肉

前排肉

五花肉

蹄膀

猪的耳朵，富含胶质

肋条部位肘骨的肉，是一层肥肉一层瘦肉夹起来的

位于后腿上方、臀尖肉的下方臀部，全为瘦肉，但肉质较老，纤维较长，一般多作为回锅肉用

位于前腿上部，质老有筋，吸水能力较强，适合制馅、制肉丸子。其中有一排肋骨，叫小排骨，可以用来煮汤

位于前后腿下部，其皮厚、筋多、胶质重、常带皮烹制

烤猪排

蛋白质 ◆◆◇　　钙 ◆◇　　时间：80分钟 ⏱

材料： 〔 2人份 〕

切块猪肋排 / 400克　　　烤肉酱汁 / 适量

洋葱 / 半个　　　　　　　盐 / 少许

大葱 / 半根　　　　　　　黑胡椒 / 少许

蒜 / 3瓣　　　　　　　　橄榄油 / 适量

烧酒 / 75毫升

做法：

1.把猪肋排浸泡在凉水中去血水。

2.把大葱切成四段。

3.在装有沸水的汤锅中加入蒜瓣、大葱、烧酒、猪肋排和黑胡椒，搅拌煮5分钟，捞出排骨。

4.在煮熟了的猪肋排上撒盐与黑胡椒，倒入烤肉酱汁，搅拌，腌渍30~60分钟。

5. 把腌渍好的猪肋排和洋葱放上烤盘，淋上橄榄油， 放入烤箱，以220℃烤20~30分钟即可。

营养笔记：

猪的瘦肉中富含丰富的维生素B_1，比其他肉类都要高很多。精白米面中维生素B_1含量低，餐餐以精白米面为主食的人比较容易缺乏这种营养素，所以健康吃猪肉首选是瘦肉部分。

133

材料：〔3人份〕

猪里脊肉块 / 400克

蒜 / 4瓣

生菜 / 适量

胡萝卜丝 / 适量

盐 / 适量

橙汁酱油 / 250毫升

做法：

1.烤箱预热至230℃，把蒜切成蒜末，加入盐搅拌。

2.把蒜末均匀抹在猪里脊肉块表面，把肉块放在烤网上，烤网下放有烤盘接滴油，烤20分钟。

3.把温度调节至205℃，再烤20分钟，或者用刀插入肉块中间如无血水渗出，即可。

4.取出肉块，立即放于橙汁酱油中浸泡，30分钟后翻面再浸。

5.食用时取出肉块切成薄片摆盘，放上生菜和胡萝卜丝，淋上少许橙汁酱油即可。

营养笔记：

生菜营养丰富，含有大量胡萝卜素、维生素B$_1$、维生素B$_6$、维生素C，还含有大量膳食纤维和微量元素如镁、磷、钙及少量的铁、铜、锌，具有瘦身、美肤、舒缓压力的作用。

烤酿尖椒

蛋白质 ◆◆◆◆   钙 ◆◆◆   时间：25分钟 ⏱

材料：〔4 人份〕

红尖椒 / 2个   酱油 / 适量
绿尖椒 / 2个   味精 / 适量
猪肉馅 / 50克   料酒 / 适量
鸡蛋 / 1个   胡椒粉 / 适量
葱末 / 2克   孜然 / 适量
姜末 / 2克   辣椒粉 / 适量
盐 / 适量   芝麻油 / 适量

做法：

1. 把蛋黄分离出来，倒入猪肉馅中。

2. 加入料酒、酱油、胡椒粉、盐、味精和芝麻油搅拌均匀。

3. 去掉尖椒蒂头和辣椒籽，装入肉馅，放置在铺了锡纸的烤盘上。

4. 在尖椒上刷上一层芝麻油后，放入预热好的烤箱，以200℃烤10分钟后取出烤盘。

5. 撒入辣椒粉、孜然、葱末和姜末，再烤2分钟即可。

营养笔记：

新鲜的辣椒富含维生素C、辣椒素，具有抗氧化作用。饮食搭配辣椒，有促进唾液分泌，促进消化的作用。建议吃新鲜辣椒，尽量不要添加过多的添加剂和油等。胃溃疡、胃出血等胃部疾病、痔疮、皮炎等人群在食用辣椒时应谨慎。

136

材料：〔2 人份〕

里脊肉 / 150克   干迷迭香 / 适量

新鲜小土豆 / 150克   橄榄油 / 20 毫升

香肠 / 80克   盐 / 适量

圣女果 / 140 克   胡椒粉 / 适量

蒜头 / 50 克

做法：

1.香肠切片；新鲜小土豆切小瓣；蒜头横向对半切，取靠近底部的一半；干迷迭香切碎；圣女果洗净。

2.将里脊肉放入碗中，加入橄榄油、盐、胡椒粉，腌渍至入味；小土豆加橄榄油、盐、胡椒粉拌匀。

3.把里脊肉、小土豆、香肠、圣女果、蒜头放入烤盘，撒上干迷迭香，烤箱预热至180℃，烤20分钟。

4.取出烤好的食材，摆入盘中即可。

香烤五花肉

蛋白质 ◆◆◆　钙 ◆◆　时间：45分钟 ⏰

材料：〔2 人份〕

熟五花肉 / 180克	鸡粉 / 1克
去皮土豆 / 160克	胡椒粉 / 2克
韩式辣椒酱 / 30克	蚝油 / 5克
蜂蜜 / 20 克	生抽 / 5毫升
葱花 / 少许	老抽 / 3毫升
盐 / 1 克	

做法：

1. 土豆洗净切片，备用。
2. 将葱花、蜂蜜、韩式辣椒酱、食盐、鸡粉、老抽、胡椒粉、蚝油、生抽放入空碗中，制成调味汁。
3. 熟五花肉装盘，并在其表面刷上调味汁。
4. 烤盘铺上锡纸，放上土豆片、五花肉，以上、下火200℃烤15分钟至五成熟。
5. 将五花肉翻面，再放入烤箱中烤15分钟至熟透入味。
6. 取出烤盘，将烤好的五花肉切片，摆在切好的土豆片上即可。

步骤1

步骤2

步骤3

步骤4

培根鸡蛋玛芬

蛋白质 ◆◆◆◆　　钙 ◆◆◆　　时间：30分钟

材料：〔4 人份〕

芝士碎 / 适量

面包 / 2片

培根 / 8片

鸡蛋 / 4个

黄油 / 适量

做法：

1.用小圆碗在每片面包上扣出2个圆形面包片。

2.把黄油放入煎锅中，待黄油融化时，放入圆形面包片，煎2分钟后取出。

3.把培根放入锅中煎熟。

4.取4个玛芬杯，在每个玛芬杯中分别放两片培根，再放入面包片，轻压面包，让它固定于玛芬杯中。

5.撒入芝士碎，再在每个玛芬杯中打入1个鸡蛋。

6.放入预热至180℃的烤箱，烘烤10分钟即可。

营养笔记：

鸡蛋的蛋黄中含有叶黄素和玉米黄素，具有很强的抗氧化作用，特别是对于保护眼睛，延缓眼睛的老化，预防视网膜黄斑变性和白内障等眼疾具有很好的作用，此外对心脏也很有好处。

■ 牛肉 ■

　　牛肉含有丰富的蛋白质，氨基酸组成比其他红肉更接近人体需要，能提高机体抗病能力，对生长发育和修复组织等方面特别适宜。牛肉中还富含铁、锌等矿物质元素及维生素等多种营养物质。

营养含量分析表〔每100克含量〕	
热量	523千焦
蛋白质	19.9克
脂肪	4.2克
糖类	2克
维生素A	7微克
烟酸	5.6毫克
铁	3.3毫克
锌	4.73毫克

● 选购保存

新鲜牛肉有光泽，红色均匀，脂肪洁白或淡黄色，外表微干或有风干膜，不黏手，弹性好。牛肉存入冰箱冷冻室贮存，但为保证口感，应即买即食。

● 刀工处理：切片

1.取一块洗净的牛肉，将牛肉切大块。
2.将整块牛肉切成均匀的几大块。
3.将大块牛肉切成大小一致、厚薄均匀的薄片即可。

● 牛的肉用部位

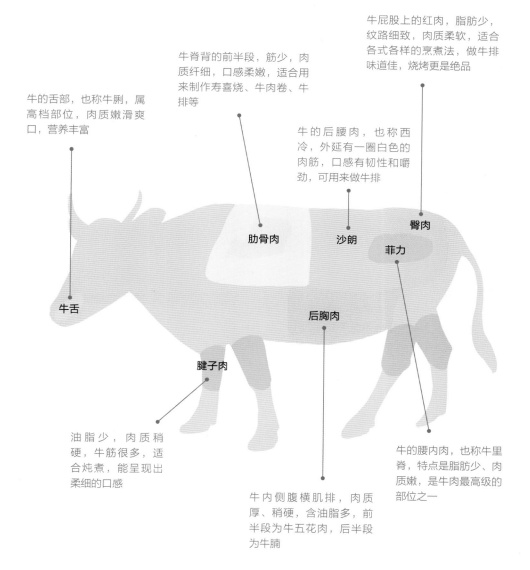

牛屁股上的红肉，脂肪少，纹路细致，肉质柔软，适合各式各样的烹煮法，做牛排味道佳，烧烤更是绝品

牛脊背的前半段，筋少，肉质纤细，口感柔嫩，适合用来制作寿喜烧、牛肉卷、牛排等

牛的舌部，也称牛脷，属高档部位，肉质嫩滑爽口，营养丰富

牛的后腰肉，也称西冷，外延有一圈白色的肉筋，口感有韧性和嚼劲，可用来做牛排

臀肉

肋骨肉

沙朗

菲力

牛舌

后胸肉

腱子肉

油脂少，肉质稍硬，牛筋很多，适合炖煮，能呈现出柔细的口感

牛的腰内肉，也称牛里脊，特点是脂肪少、肉质嫩，是牛肉最高级的部位之一

牛内侧腹横肌排，肉质厚、稍硬，含油脂多，前半段为牛五花肉，后半段为牛腩

烤牛小排

蛋白质 ◆◆◆◆　钙 ◆◆◆　时间：110分钟

材料：〔3人份〕
牛小排 / 600克
蒜 / 2瓣
姜末 / 适量
番茄酱 / 30克
照烧酱汁 / 60克
米酒 / 100毫升
橄榄油 / 适量

做法：
1.把拍碎的蒜瓣和姜末、米酒、番茄酱和照烧酱汁混合搅拌。
2.把牛小排放入混合酱料中腌渍1小时。
3.平底锅加入橄榄油烧热，放入牛小排，两面煎熟。
4.烤箱预热至120℃，把煎好的牛小排放入刷过底油的烤盘中，放入烤箱烤30分钟，其间需多次取出翻面并刷酱。

营养笔记：
牛肉中富含人体所需的血红素铁，颜色越深的部位血红素铁的含量越高，补铁效果就越好，可以很好地预防缺铁性贫血的发生。

蒜头烤牛肉

蛋白质 ◆◆◆　　钙 ◆◆　　时间：50分钟 ⏲

材料：〔 人份〕

牛肉 / 200克	料酒 / 5毫升
蒜头 / 35克	芝麻油 / 5毫升
盐 / 1克	蚝油 / 5克
胡椒粉 / 1克	辣椒粉 / 40克
生抽 / 5毫升	烧烤料 / 40克

做法：

1.洗净的牛肉切丁装碗，倒入蒜头。

2.放入辣椒粉、盐、生抽、料酒、适量芝麻油、烧烤料、蚝油，拌匀，腌渍10分钟。

3.烤盘里放上锡纸，刷上适量芝麻油。

4.均匀放入腌好的牛肉，撒上胡椒粉。

5.烤盘放入烤箱，以200℃烤20分钟至熟透。

营养笔记：

大蒜具有杀菌性，对细菌、霉菌都有很强的杀灭作用。同时，大蒜中的大蒜素还具有抑制多种肿瘤细胞的作用。大蒜本身辛辣，如果生食，每天不宜超过2～3瓣，有胃部疾病的患者慎食。

149

南瓜煎牛肉

蛋白质 ◆◆◆◆　钙 ◆◆◆◆　时间：130分钟 ❤

材料：〔3人份〕

洋葱 / 1个

南瓜 / 350克

黄甜椒 / 1个

番茄 / 1个

红辣椒 / 1根

蒜 / 1瓣

牛肉块 / 400克

小茴香籽 / 适量

意式香草碎 / 适量

红葡萄酒 / 75毫升

盐 / 少许

黑胡椒 / 少许

橄榄油 / 适量

做法：

1.黄甜椒和番茄切丁；南瓜去皮切丁；洋葱切末；红辣椒去籽切碎；蒜瓣切末备用。

2.把洋葱末和蒜末放入热油锅内炒至透明，加入牛肉块一起炒，随后盛到盘内待用。

3.南瓜丁炒熟，加入红辣椒碎和小茴香籽翻炒10分钟。

4.把牛肉块放入烤箱容器中，浇上红酒，放入甜椒丁、番茄丁和南瓜丁，撒上盐和黑胡椒，搅拌。

5.用锡纸封住容器口后，放入160℃烤箱中烤制100分钟后取出，撒上意式香草碎即可。

营养笔记：

红酒中含有原花色素和多酚化合物，如白藜芦醇和单宁酸等。多酚类物质具有很强的抗氧化作用，对人体心血管具有保护作用。红酒虽好，不可贪杯。

红酒蘑菇炖牛肉

蛋白质 ◆◆◆◆　钙 ◆◆◆　时间：125分钟

材料：〔3人份〕

切丁牛肉 / 400克

蘑菇 / 70克

洋葱 / 半个

胡萝卜 / 70克

意式香草碎 / 适量

蒜 / 2瓣

红葡萄酒 / 200毫升

面粉 / 10克

培根丁 / 40克

肉汤 / 50毫升

盐 / 少许

黑胡椒 / 少许

橄榄油 / 适量

做法：

1.把红葡萄酒、盐、黑胡椒、意式香草和橄榄油混合成酱汁，把牛肉丁放入酱汁中腌渍备用。

2.胡萝卜切小块，蘑菇去蒂切片，洋葱切碎末，蒜瓣拍碎。

3.把平底锅烧热，加入橄榄油，放入蒜瓣和洋葱末炒至透明，再加入蘑菇片和培根丁，翻炒10分钟后出锅备用。

4.把腌渍好的牛肉丁放入锅中煎熟，倒入烤箱容器中，放入面粉、胡萝卜块、肉汤和腌汁，搅拌。

5.用锡纸加盖在容器上，放入预热至180℃的烤箱中，烤90分钟。

6.在烤制的最后10分钟取出烤盘，揭开锡纸，倒入炒好的蘑菇片和培根丁，再放入烤箱继续烤制即可。

营养笔记：

口蘑是一种较好的减肥美容食品。它含有大量的膳食纤维，具有增加饱腹感、促进排便、改善肠道健康，从而具有纤体美肤的功效。

梨汁烤牛肉

蛋白质 ◆◆◆　　钙 ◆◆　　时间：90分钟 ⏱

材料：〔2人份〕

牛里脊 / 150克　　　生抽 / 适量

葱末 / 适量　　　　　白糖 / 适量

蒜末 / 适量　　　　　蜂蜜 / 适量

姜末 / 适量　　　　　盐 / 适量

鲜梨汁 / 适量　　　　芝麻油 / 适量

做法：

1.把生抽、白糖、蜂蜜、芝麻油、葱末、蒜末、姜末、盐放进碗中均匀搅拌。

2.在碗中加入鲜梨汁搅匀，制成腌肉的酱汁。

3.把牛里脊切成0.5厘米左右厚的片，放到装有酱肉汁的碗中搅匀，然后用冰箱冷藏1小时。

4.把牛里脊一片一片地码放在铺有锡纸的烤盘上。

5.把碗中剩余的酱汁淋在牛里脊片上，待烤箱预热至200℃时，烤上8分钟后取出，翻面再烤2分钟即可。

营养笔记：

牛肉相比猪肉、羊肉饱和脂肪酸含量高，特别是口感多汁的雪花牛肉，就是瘦肉中融入了绵密细腻的脂肪花纹，将肥肉和瘦肉完美地融为一体的牛肉。这种牛肉蛋白质和血红素铁的含量大大下降，饱和脂肪酸和胆固醇含量比普通的牛肉要高很多，对健康不利。选择牛肉还是选择颜色深红、能吃出肉丝的牛肉为好。

步骤3　　　　　步骤4　　　　　步骤5

烤牛肉酿香菇

蛋白质 ◆◆◆◆　钙 ◆◆　时间：25分钟 ⏱

材料：〔2人份〕

牛肉末 / 50克	干淀粉 / 3克
洋葱末 / 20克	烧烤粉 / 3克
胡萝卜末 / 20克	生抽 / 5毫升
西芹末 / 20克	橄榄油 / 8毫升
香菇 / 100克	鸡粉 / 少许
盐 / 3克	黑胡椒碎 / 适量

做法：

1. 将牛肉末放入容器中，倒入适量生抽，拌匀。

2. 放入胡萝卜末、洋葱末、西芹末。

3. 撒入适量盐、鸡粉、干淀粉，淋入适量橄榄油。

4. 撒入黑胡椒碎，拌匀，腌渍10分钟至其入味。

5. 在洗净的香菇上撒适量盐。

6. 淋入橄榄油，搅拌均匀。

7. 撒上适量烧烤粉，拌匀，腌渍5分钟至其入味。

8. 将腌好的香菇均匀地放入铺有锡纸的烤盘上。

9. 把腌好的牛肉馅放在香菇上。

10. 将烤箱温度调成上火230℃、下火230℃。

11. 放入烤盘，烤10分钟至熟即可。

步骤1

步骤4

步骤7

步骤9

材料:〔2人份〕
五谷饭 / 100克
牛肉片 / 35克
韩式泡菜 / 50克
菠菜 / 100克
海苔片 / 1片
盐 / 2克
酱油 / 3毫升
米酒 / 适量

做法:

1.菠菜洗净切段，烫熟后拧干水分备用。

2.牛肉片用少许盐、酱油和米酒腌10分钟，放入烤箱以180℃烤10分钟。

3.取寿司竹帘铺上海苔片，再铺上五谷饭，依序摆上牛肉片、菠菜、韩式泡菜，卷起呈圆柱状，食用时对切即可。

营养笔记:

不敢吃辣的人可以把泡菜换成烫芦笋，口味较清淡，热量也很低。

蛋白质 ◆◆◆◆　　钙 ◆◆◆　　时间: 55分钟 ⏱

材料: 〔1 人份〕

西冷牛排 / 200克　　　鸡粉 / 3克

芝麻菜 / 适量　　　　　橄榄油 / 8毫升

圣女果 / 适量　　　　　黑胡椒碎 / 适量

盐 / 3克

做法:

1.将洗净的牛排两面撒上盐、鸡粉和黑胡椒碎,淋上少许橄榄油,两面抹匀;腌渍30分钟至入味,待用。

2.将芝麻菜择洗干净,摆盘;圣女果洗净,对半切开,摆盘。

3.烤箱预热5分钟,将腌渍好的牛排放在烤箱的烤架上,用小火烤10分钟至汁水收干。

4.牛排翻面,烤 8 分钟至熟。

5.取出烤好的牛排,切成块放入盘中即可。

■ 羊肉 ■

羊肉营养和牛肉类似，同样富含丰富的优质蛋白质、血红素铁、锌等营养物质且容易吸收，对贫血、缺锌的人群非常合适。羊肉虽然含有一些饱和脂肪酸和胆固醇，对于瘦弱者、血脂正常者，适量食用饱和脂肪酸和胆固醇是无害的。羊肉性温热，如果身体本身怕冷，手脚冰凉，吃这个自然是恰到好处。

营养含量分析表 [每100克含量]	
热量	849千焦
蛋白质	19克
脂肪	14.1克
维生素A	22微克
烟酸	4.5毫克
钙	6毫克
铁	2.3毫克
硒	32.2微克

● 选购保存

新鲜羊肉肉色鲜红而均匀，有光泽，肉质细而紧密，有弹性，外表略干，不黏手。羊肉可用保鲜膜包裹好，放入冰箱冷冻室保存。

● 刀工处理：切片

1.取一块洗净的羊肉，从中间切开分两块。
2.取其中的一块，用平刀片羊肉。
3.将余下的羊肉依次片成均匀的片。
4.装入盘中即可。

● 羊的肉用部位

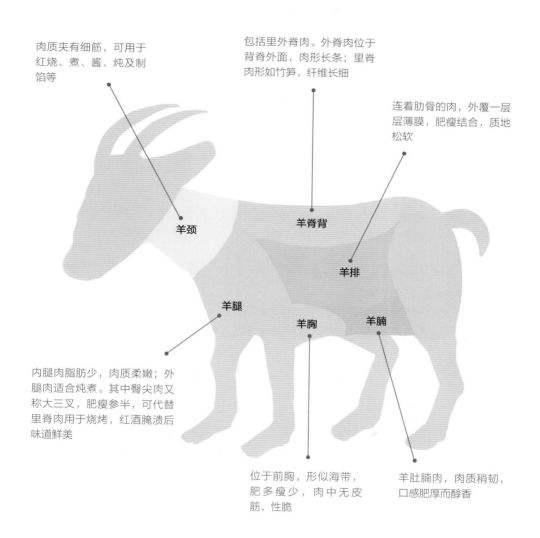

肉质夹有细筋，可用于红烧、煮、酱、炖及制馅等

包括里外脊肉。外脊肉位于背脊外面，肉形长条；里脊肉形如竹笋，纤维长细

连着肋骨的肉，外覆一层层薄膜，肥瘦结合，质地松软

羊颈

羊脊背

羊排

羊腿

羊胸

羊腩

内腿肉脂肪少，肉质柔嫩；外腿肉适合炖煮。其中臀尖肉又称大三叉，肥瘦参半，可代替里脊肉用于烧烤，红酒腌渍后味道鲜美

位于前胸，形似海带，肥多瘦少，肉中无皮筋，性脆

羊肚腩肉，肉质稍韧，口感肥厚而醇香

鲜果香料烤羊排

蛋白质 ◆◆◆　　钙 ◆　　时间：40分钟 ❤

材料：〔2人份〕

羊排 / 500克　　　　　法式芥末籽酱 / 20克

圣女果 / 80克　　　　　胡椒盐 / 10克

青樱桃 / 50克　　　　　黑胡椒粉 / 8克

新鲜迷迭香 / 少许　　　橄榄油 / 15毫升

迷迭香碎 / 5克

做法：

1.将羊排洗净，清除肋骨上的筋；圣女果、青樱桃、新鲜迷迭香均洗净，备用。

2.平底锅内注入橄榄油烧热，放入羊排，煎至表面上色，取出，放在吸油纸上，去掉多余的油脂。

3.在煎过的羊排上均匀地抹上法式芥末籽酱，与洗净的圣女果、青樱桃一起放入烤盘，撒入胡椒盐、黑胡椒粉、迷迭香碎。

4.把烤盘送入预热好的烤箱，以180℃的温度烤约15分钟。

5.取出烤盘，将羊排、圣女果、青樱桃装入盘中，摆入新鲜迷迭香即可。

营养笔记：

羊排含有丰富的蛋白质、脂肪，同时还含有丰富的B族维生素、脂溶性维生素及矿物质钙、磷、铁、钾、硒等，营养十分全面、丰富。

烤羊全排

蛋白质 ◆◆◆◆ 钙 ◆◆◆ 时间: 420分钟 ⏱

材料: 〔4人份〕

羊排 / 1000克

洋葱丝 / 20克

西芹丝 / 20克

蒜瓣 / 5克

迷迭香 / 10克

盐 / 8克

蒙特利调料 / 10克

橄榄油 / 30毫升

鸡粉 / 3克

生抽 / 10毫升

黑胡椒碎 / 适量

做法:

1.在洗净的羊排前端切去羊皮与肉,将羊排骨头中间相连的肉切去,在羊排上端部分,沿着骨头切开,并将骨头砍去,将羊皮完全剔除,洗净,待用。

2.将蒜瓣、西芹丝、洋葱丝用手捏挤片刻,把迷迭香揪碎,放在羊排上,加入适量黑胡椒碎,撒入适量盐、蒙特利调料,倒入适量生抽、橄榄油,放入鸡粉,用手抹匀,腌渍6小时,备用。

3.把腌好的羊排放入铺有锡纸的烤盘中,以250℃烤15分钟后取出,将羊排翻面,放入烤箱续烤10分钟。

4.取出烤盘,将羊排翻面,再烤5分钟至熟即可。

步骤1

步骤2

营养笔记:
羊肉中的硒元素含量要远远高于其他猪肉、牛肉。研究表明,硒具有抗氧化、抑制肿瘤的作用。

Part

鱼虾海鲜的粉墨登场

如果你对海洋的风味情有独钟，那么接下来的鱼虾海鲜你肯定没少吃，无论是西式烤制还是中式新作，烤箱都以更便捷的方式，把海洋的滋味带上你的餐桌。

■ 鳕鱼 ■

　　鳕鱼通体只有一条主刺并无杂乱，肉质鲜美，入口清醇，具有高营养、低胆固醇、易于被人体吸收等优点。鳕鱼含有丰富的钾元素、镁元素，对心血管系统有很好的保护作用，有利于预防高血压、心肌梗死等心血管疾病。

营养含量分析表 [每100克含量]	
热量	368.2千焦
蛋白质	20.4克
维生素A	14微克
烟酸	2.7毫克
钙	42毫克
钾	321毫克
磷	232毫克
硒	24.8微克

● 选购保存

新鲜的鳕鱼肉质坚实有弹性，手指压后凹陷能立即恢复。保存鳕鱼时，可把盐撒在鱼肉上，用保鲜膜包起来，放入冰箱冷冻室。

● 刀工处理：切丁

1.取洗净的鳕鱼肉，用刀切片状。
2.将片的两端切平整。
3.对半切开呈条状。
4.将条依次切成丁状即可。

百里香烤鳕鱼

蛋白质 ◆◆◆　钙 ◆◆◆　时间：25分钟

材料：〔3人份〕
鳕鱼块 / 600克
柠檬 / 半个
新鲜百里香 / 适量
白葡萄酒 / 20毫升
细砂糖 / 15克
盐 / 适量
橄榄油 / 适量

做法：
1.将鳕鱼块洗净，晾干，在鳕鱼块上划几刀；柠檬切片备用。
2.取一个盘子，放入鳕鱼块，加百里香、细砂糖、白葡萄酒、盐、橄榄油腌渍。
3.在烤箱容器上铺上烘焙油纸，放上腌好的鳕鱼块，放入柠檬片，倒入腌汁。
4.将烤箱容器放入烤箱，温度调至200℃，烤15分钟即可。

营养笔记：
鳕鱼富含丰富的优质蛋白，脂肪含量虽然低，却以非常优质的多不饱和脂肪酸为主，同时含有维生素A、维生素D和维生素E等多种维生素，易被人体消化吸收。具有促进智力发育、保护视力和提高免疫力等健康益处。

柠香蔬菜纸包鱼

蛋白质 ◆◆◆◆　钙 ◆◆◆　时间：40分钟 ⏱

材料：〔1人份〕

鳕鱼 / 120克　　　　柠檬 / 3片

胡萝卜 / 1小段　　　意式香草 / 3克

芹菜 / 1根　　　　　盐 / 1克

香菇 / 2个　　　　　料酒 / 少许

洋葱 / 1 / 4个　　　　食用油 / 适量

步骤1

做法：

1.胡萝卜切小块；芹菜切段；香菇切片；洋葱切瓣。

2.鳕鱼加意式香草腌渍10分钟。

3.锅内烧热，放油，将切好的芹菜、胡萝卜、香菇、洋葱略炒断生，加入盐调味后盛出。

4.两张烘焙纸折叠，边上采用三角折叠的方式折叠好，留一边，将炒断生的蔬菜垫底，上方加柠檬片。

5.放上腌渍好的鳕鱼，此时可加入少许料酒。

6.食材放好后，将两张烘焙纸折叠好，保证汁水不会流出。

7.烤箱预热180℃，将其放进去，烤10分钟即可。

步骤2

步骤4

步骤6

营养笔记：

芹菜含有丰富的膳食纤维、芹菜素等营养物质，对预防三高都有很好的帮助。此外，芹菜叶中的胡萝卜素、维生素C、维生素B_1、钾、镁等营养物质均高于芹菜茎，食用的时候千万不要丢掉芹菜叶这个宝贝。

■ 三文鱼 ■

　　三文鱼是一种生长在加拿大、挪威、日本和俄罗斯等高纬度地区的冷水鱼类，含蛋白质、脂肪、维生素 A、维生素 D、维生素 B_6、维生素 B_{12}、维生素 E、钙、硒等营养成分。其富含 Ω-3 系列的脂肪酸，能预防动脉粥样硬化，对心脑血管健康有利。

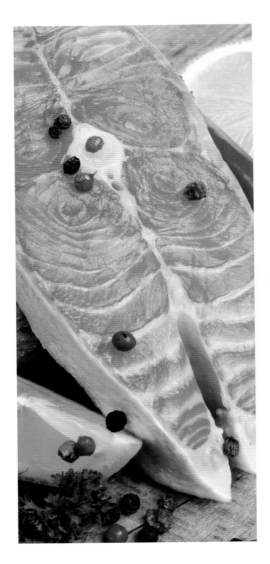

营养含量分析表〔每100克含量〕	
热量	581.7千焦
蛋白质	17.2克
脂肪	7.8克
胆固醇	68毫克
维生素A	45微克
钙	13克
磷	154毫克
硒	29.5微克

● 选购保存

购买新鲜的三文鱼时，要挑选鱼肉颜色鲜亮，表皮完整、鱼肉呈现新鲜、自然的橘红色，没有损伤的；且摸起来鱼肉结实、有弹性，用手指摁下能迅速弹回的。如果闻上去有不好的味道千万不要选购。

烤三文鱼配时蔬

蛋白质 ◆◆◆　钙 ◆◆◆◆　时间：40分钟

材料：〔1人份〕
三文鱼肉 / 200克
胡萝卜 / 80克
西蓝花 / 80克
迷迭香 / 适量
盐 / 3克
黑胡椒粉 / 5克
橄榄油 / 15毫升

做法：
1.胡萝卜洗净去皮，切片；西蓝花洗净切朵。
2.三文鱼肉放入碗中，加盐、黑胡椒粉、橄榄油、适量迷迭香腌渍入味。
3.锅中注入橄榄油烧热，放入胡萝卜、西蓝花，加盐，煎至上色后关火，取出摆盘。
4.烤箱调至180℃，将三文鱼肉放入烤箱烤6分钟至熟。
5.将三文鱼肉取出，摆放在盘中即可。

营养笔记：
三文鱼中所含的Ω-3脂肪酸，是脑部、视网膜及神经系统正常运转所必不可少的营养素，有增强脑功能、防治老年痴呆和预防视力减退的功效。

175

香烤三文鱼

蛋白质 ◆◆◆　　钙 ◆◆　　时间：50分钟 ⏱

材料：〔1人份〕

三文鱼 / 300克　　　罗勒 / 2克
盐 / 2克　　　　　　牛至叶 / 3克
黑胡椒碎 / 3克　　　百里香粉 / 5克
辣椒粉 / 8克　　　　食用油 / 15毫升

做法：

1.三文鱼洗净，依次撒上盐、黑胡椒碎、百里香粉、罗勒、牛至叶、辣椒粉抹匀，静置 半 小时。

2.煎锅中倒入食用油，烧至四成热时，放入三文鱼，微煎以锁住水分。

3.将煎好的三文鱼放入铺有锡纸的烤盘中。表面刷上食用油。

4.将烤盘放入烤箱中层，以上、下火180℃烤10分钟即可。

步骤1

步骤2

步骤3

步骤4

营养笔记：

三文鱼富含维生素E，具有抗氧化美肤的功效。其富含的钙和维生素D，能预防骨质疏松，强健骨骼。

■ 虾 ■

　　虾富含人体所需的优质蛋白，而且相比禽肉、畜肉而言，脂肪含量少，其中的脂肪酸以不饱和脂肪酸为主，有益于心脑血管健康。同时虾中含有丰富牛磺酸、钾、碘、镁、锌、维生素 A 等营养物质。虾本身营养价值高热量低，特别适合成长发育的儿童、孕妇、乳母、老年人、肥胖等人群食用。

营养含量分析表 [每100克含量]	
热量	330.5千焦
蛋白质	16.8克
脂肪	0.6克
糖类	1.5克
维生素E	2.79毫克
钙	146毫克
钾	228毫克
锌	1.44毫克

● 选购保存

新鲜的虾体形完整，外壳硬实、发亮，头、体紧紧相连，虾身有一定的弯曲度，肉质细嫩、有弹性、有光泽。放入冰箱冷冻储存。

● 刀工处理：切球

1.用手掐掉虾头，剥虾壳。
2.将虾的尾巴掐掉。
3.将虾背切开，取出虾线，在开水中余烫，直到呈球状即可。

海鲜烤菜

蛋白质 ◆◆◆　　钙 ◆◆◆◆　　时间：35分钟

材料：〔1人份〕

土豆丁 / 150克

红甜椒丁 / 150克

西葫芦片 / 90克

虾仁（对半切开）/ 100克

马苏里拉芝士碎 / 100克

蒜末 / 适量

盐 / 少许

黑胡椒 / 少许

橄榄油 / 适量

黄油 / 30克

做法：

1.往锅内加入橄榄油，烧热后放入蒜末炒香，加入土豆丁和红甜椒丁炒3分钟。

2.加入虾仁炒熟后，加入盐和黑胡椒调味。

3.把西葫芦片铺放入刷过底油的烤箱容器内，倒入炒好的虾仁和蔬菜，撒上马苏里拉芝士，铺上黄油。

4.放入预热至180℃的烤箱中，烤制20分钟即可。

营养笔记：

铺上黄油进行烤制会使蔬菜更香，但为了降低卡路里的摄入，也可不放入黄油。

179

蜂蜜橙汁鲜虾沙拉

蛋白质 ◆◆   钙 ◆◆◆◆   时间: 40分钟 ⏱

材料： 〔2人份〕

虾 / 8只	生菜 / 适量
橙子 / 半个	橄榄油 / 适量
猕猴桃 / 1个	盐 / 少许
小番茄 / 4个	黑胡椒 / 少许
葵花子 / 适量	蜂蜜橙汁 / 适量

做法：

1.在处理好的虾中加入盐、黑胡椒和橄榄油，腌渍15分钟。

2.将腌渍完毕的虾铺在烤盘上，待烤盘预热至190℃时，烤10～15分钟。

3.把橙子和猕猴桃去皮，切成瓣状；小番茄对半切开，备用。

4.在碗中放入撕开的生菜，加入虾、橙子、猕猴桃、小番茄，撒入葵花子，淋上蜂蜜橙汁食用即可。

营养笔记：

猕猴桃富含丰富的维生素C，虾中富含丰富的优质蛋白，这样的组合可以促进体内胶原蛋白的合成，美肤效果佳。猕猴桃本身富含丰富的膳食纤维，具有调节肠道健康、纤体的作用。

材料：〔2人份〕

面皮：

高筋面粉 / 200克

酵母 / 3克

黄奶油 / 20克

盐 / 1克

白糖 / 10克

鸡蛋 / 1个

馅料：

芝士丁 / 40克

西蓝花 / 45 克

虾仁 / 适量

玉米粒 / 适量

番茄酱 / 适量

做法：

1.高筋面粉倒入案台上，用刮板开窝。

2.加入水80毫升、白糖，搅匀，加入酵母、盐，搅匀。

3.放入鸡蛋，搅散。

4.刮入高筋面粉，混合均匀。

5.倒入黄奶油，混匀。

6.将混合物搓揉成纯滑的面团。

7.取一半面团，用擀面杖均匀擀至圆饼状面皮。

8.将面皮放入比萨圆盘中，稍加修整，使面皮与比萨圆盘完整贴合。

9.用叉子在面皮均匀地扎上小孔，将处理好的面皮放置常温下发酵 1 小时。

10.面皮上铺玉米粒、切小朵的西蓝花、虾仁，挤上番茄酱，撒上芝士丁，比萨生坯制成。

11.预热烤箱后，温度调至上、下火200℃，放入比萨生坯，烤10分钟至熟即可。

步骤3

步骤5

步骤7

步骤9

183

椒盐烤虾

蛋白质 ◆◆　　钙 ◆◆◆◆　　时间：40分钟 🕐

材料：〔2人份〕
对虾 / 140 克
盐 / 2克
椒盐粉 / 少许
辣椒粉 / 6 克
食用油 / 适量

做法：

1.洗净的对虾剪去虾须，取出虾线。

2.将对虾穿成串，放在盘中，刷上食用油，撒上食盐、椒盐粉、辣椒粉，腌渍一会儿，待用。

3.烤盘中铺好锡纸，刷上适量食用油，放入腌渍好的对虾。

4.关好箱门，将温度调为 200℃，烤约 15分钟即可。

步骤1　　　　　步骤2　　　　　步骤3

■ 鱿鱼 ■

鱿鱼有保护神经纤维、活化细胞的作用，经常食用鱿鱼能延缓身体衰老。鱿鱼所含的大量不饱和脂肪酸和牛磺酸，都可有效减少血管壁内所累积的胆固醇，调节血脂，对预防心脑血管疾病有益。

营养含量分析表 [每100g含量]	
热量	313.8千焦
蛋白质	17克
脂肪	0.8克
维生素A	16微克
钾	16毫克
钠	134.7毫克
磷	60毫克
硒	13.65微克

● 选购保存

优质鱿鱼体形完整，呈粉红色，有光泽，体表略现白霜，肉肥厚，半透明，背部不红。鲜鱿鱼去除内脏和杂质，洗净，用保鲜膜包好，放入冰箱冷冻室保存。

● 刀工处理：切圈

1.取洗净的鱿鱼肉，将鱿鱼的圆形开口切整齐。
2.从鱿鱼圆形开口的那端用直刀切圈。
3.用同样的方法把整块鱿鱼肉切完即可。

海鲜焗意面

蛋白质 ◆◆◆◇ 钙 ◆◆◇ 时间：45分钟

材料：〔1人份〕

意大利面 / 300克   牛奶 / 200毫升

蘑菇 / 3个   面粉 / 少许

小葱 / 1棵   蔬菜汤 / 125毫升

切块鱿鱼 / 150克   盐 / 少许

虾仁 / 100克   黑胡椒粉 / 少许

黄油 / 少许   橄榄油 / 适量

做法：

1.蘑菇切片；小葱切成圈状，备用。

2.把意面煮到适合咀嚼的软硬程度后捞出备用。

3.取平底锅加入橄榄油烧热，加入小葱和蘑菇炒5分钟，倒入鱿鱼和虾仁炒熟，加盐和黑胡椒粉调味，盛碗备用。

4.把黄油和面粉和成面团。

5.制作酱汁，把蔬菜汤和牛奶倒入汤锅中，加入面团，搅拌并煮沸，加入盐和黑胡椒粉调味，盛碗备用。

6.在烤箱容器中刷底油，放入一半意面，然后加入部分酱汁以及海鲜料，再放上另一半意面与海鲜料，浇上剩余酱汁。

7.放入200℃烤箱中烤制30分钟即可。

烤鱿鱼须

蛋白质 ◆◆◆◆　钙 ◆◆◆　时间：30分钟 🍵

材料：〔3人份〕

鱿鱼须 / 200克	辣椒粉 / 6克
洋葱 / 35克	花椒粉 / 少许
西芹 / 55克	孜然粉 / 少许
彩椒 / 60克	白胡椒粉 / 少许
姜末 / 少许	料酒 / 4毫升
蒜末 / 少许	食用油 / 适量
盐 / 2克	

做法：

1.洗净的鱿鱼须、西芹切段；洗净的彩椒、洋葱切丝，备用。

2.把切好的鱿鱼须装入碗中，撒上姜末、蒜末，加入盐、花椒粉，放入辣椒粉、白胡椒粉、孜然粉、料酒，拌匀，腌渍一会儿。

3.烤盘中铺好锡纸，刷上适量食用油，倒入切好的洋葱、西芹和彩椒，铺平。

4.放入腌渍好的材料，铺开、摊匀。

5.推入预热好的烤箱，以上、下火均为200℃，烤20分钟至熟即可。

步骤1

步骤2

步骤2

步骤3

营养笔记：
食用鱿鱼能健脑、预防老年痴呆症等。因此对容易罹患心血管方面疾病的中老年人来说，鱿鱼更是有益健康的食物。建议选购新鲜的鱿鱼。

■ 鲍鱼 ■

　　鲍鱼其肉质细嫩、营养丰富。富含丰富的优质蛋白，脂肪含量低（但是脂肪酸以必需脂肪酸为主）、糖类、钠、谷氨酸的含量高于其他贝壳类，所以味道鲜美。鲍鱼还富含多种维生素和矿物质元素，营养丰富且利于人体吸收。

营养含量分析表 [每100克含量]	
热量	351.4千焦
蛋白质	12.6克
脂肪	0.8克
胆固醇	242毫克
维生素A	24微克
钙	266克
钾	136毫克
硒	21.4微克

● 选购保存

选购鲍鱼时，应选择肉质均匀且没有坑洞或裂纹的。买回家的鲍鱼，如果一次不能全部用于烹调，可以采取冰箱冷冻法来进行储存。已经烹熟但吃不完的鲍鱼肉，可以采取汤水保存法来保存。

● 刀工处理：网格纹

1.在鲍鱼肉上多次打纵一字刀。
2.完成后，再多次打横一字刀即可。

烤鲍萝卜

材料：〔3人份〕
大连鲍 / 3只
白萝卜 / 30克
芝士碎 / 适量
盐 / 适量

做法：
1.去掉鲍鱼的壳和内脏，清洗干净。
2.添入盐腌渍鲍鱼，10分钟后，再将鲍鱼移到原壳中。
3.撒入芝士碎，待烤箱预热至220℃时，烤上8分钟后取出。
4.削掉白萝卜的皮，冲洗干净，切丝后用开水烫一会儿捞出过冷水，加入盐调味。
5.把萝卜丝放在烘烤好的鲍鱼上即可。

营养笔记：
鲍鱼含有丰富的维生素，其中维生素A是保护皮肤健康、视力健康以及增强人体免疫力、促进生长发育的关键营养素。

191

■ 蛤蜊 ■

蛤蜊肉质鲜美，含有蛋白质、脂肪、糖类、锌、钙、硒、维生素、牛磺酸等多种营养成分。蛤蜊的钙质含量高，是不错的钙质来源，有利于儿童的骨骼发育。

营养含量分析表 [每100克含量]	
热量	259.4千焦
蛋白质	10.1克
脂肪	1.1克
胆固醇	156毫克
维生素A	21微克
钙	133克
钾	140毫克
硒	54.3微克

● 选购保存

选购蛤蜊时，可拿起轻敲，若为"砰砰"声，则是死的，相反若为"咯咯"较清脆的声音，则是活的。保存活蛤蜊时，取一碗盐水，恰能没过蛤蜊，将蛤蜊置于其中使其吐沙后，置于冰箱冷藏室，注意经常更换盐水且不要冰过头，这样能保存3天左右。

材料：〔3人份〕

丝瓜 / 1根	蒜末 / 适量
蛤蜊 / 12只	橄榄油 / 适量
红椒 / 1个	盐 / 适量
葱末 / 适量	蚝油 / 适量
姜末 / 适量	

做法：

1.把洗净的蛤蜊放入淡盐水中浸泡20分钟，使蛤蜊把沙吐出。

2.丝瓜去皮，切成约4厘米长的条，放在淡盐水中浸泡；红椒去籽，切成丝瓜条一样的长条状。

3.把丝瓜、蛤蜊、红椒、葱末、姜末、蒜末倒入大碗中，再加入盐、蚝油、橄榄油搅拌。

4.把搅拌均匀的丝瓜蛤蜊铺放在一张大锡纸上，再紧捏收口，做成一个封闭的容器。

5.待烤箱预热到180℃时，放入烤箱中烤20分钟左右即可。

193

■ 螃蟹 ■

螃蟹不但味美，且营养丰富。蟹肉富含丰富的蛋白质、维生素如维生素 A、维生素 E、B 族维生素、必需脂肪酸、钙、锌、硒、铁等多种营养成分。蟹肉虽然营养丰富，但是蟹黄、蟹膏所含胆固醇偏高，如患有胆结石、血脂异常的人群慎食。

营养含量分析表 [每100克含量]	
热量	397.4千焦
蛋白质	13.8克
脂肪	2.3克
胆固醇	125毫克
维生素A	30微克
钾	232毫克
磷	142毫克
硒	82.65微克

● 选购保存

要挑选壳硬、发青、蟹肢完整、有活力的螃蟹。把螃蟹捆好，放在冰箱冷藏室里，注意温度控制在5~10℃，且用湿毛巾盖好保存，尽早吃掉。

● 刀工处理：切块

1.取外表洗净的蟹，用刀撬开蟹壳。
2.用刀将蟹壳里的脏物刮除后清洗干净。
3.将蟹从中间对半切开。
4.将蟹足尖切掉。
5.按同样的方法将其余的蟹切完即可。

黄油焗烤螃蟹

蛋白质 ◆◆◆　　钙 ◆◆◆◆　　时间：45分钟 ❤

材料：〔2人份〕

螃蟹 / 300克

洋葱 / 30克

蒜末 / 7克

黄油 / 15克

食用油 / 适量

做法：

1.洗净的洋葱切丝；处理好的螃蟹去掉腮，再对半切开，待用。

2.热锅倒入黄油，加热至熔化，倒入蒜末爆香。

3.倒入洋葱炒香，将炒好的洋葱盛入盘中，制成辅料待用。

4.往铺上锡纸的烤盘中刷上一层食用油。

5.把螃蟹放入烤盘，铺上炒好的洋葱丝，待用。

6.将烤盘放入烤箱，以上、下火200℃，烤15分钟至熟即可。

营养笔记：

食用螃蟹时，要蘸姜末醋汁杀菌祛寒，不宜单独食用。对于螃蟹还需注意的是一定要蒸煮熟透后再吃，别吃生蟹、慎食醉蟹；存放过久的熟蟹也不宜食用；死蟹不宜吃；不吃四"部件"（蟹腮、蟹肠、蟹心、蟹胃）。

6

坚果杂粮的暗中较量

烤箱菜里最让人意想不到的莫过于坚果杂粮，谁又能想到它们还能创造出这样味美的食物呢？虽然不一定是登场的主角，但却暗中发挥着自己独特的光芒。

■红豆■

红豆属于淀粉含量高的豆类之一，所以在吃红豆的时候口感甜美味道佳。红豆中富含丰富的维生素 B_1、维生素 B_2、镁、钾、铁、钙、膳食纤维等营养物质。红豆本身属于高钾低钠、膳食纤维丰富的食物，特别适合体控管理及高血压患者食用。

营养含量分析表 [每100克含量]	
热量	1355.6千焦
蛋白质	20.2克
脂肪	0.6克
糖类	63.4克
膳食纤维	7.7克
烟酸	2毫克
钙	74毫克
钾	860毫克

● 选购保存

红豆一般以颗粒均匀、色泽润红、饱满光泽为佳品。保存红豆时，可把红豆放入带有盖的容器内装好，放于阴凉、干燥、通风处保存。

花式红豆包

蛋白质 ◆◆◆◇ 钙 ◆◆◇ 时间：160分钟 ⏱

材料：〔3人份〕

高筋面粉 / 500克   低筋面粉 / 适量
奶粉 / 20克   黄油 / 70克
鸡蛋 / 50克   细砂糖 / 100克
酵母 / 8克   盐 / 5克
红豆馅 / 20克

做法：

1. 细砂糖加水200毫升溶化；把高筋面粉、酵母、奶粉倒在案台上，用刮板开窝，倒入糖水。

2. 加鸡蛋，揉搓成面团，倒入黄油，加盐，揉成光滑面团。

3. 用保鲜膜将面团包好，静置10分钟。

4. 将面团分成数个60克的小面团，揉搓成圆球。

5. 按压一下，放入红豆馅，收口，包好，搓成圆球。

6. 把面团放入烤盘，发酵90分钟，用小刀在面团上划十字刀。

7. 将适量低筋面粉过筛至面团上。

8. 把烤盘放入烤箱，以上火190℃、下火190℃烤15分钟。

9. 从烤箱中取出烤盘，装入盘中即可。

红豆乳酪蛋糕

蛋白质 ◆◆◆◆　　钙 ◆◆◆　　时间: 60分钟 🕐

材料: 〔3人份〕

芝士 / 250克	低筋面粉 / 20克
鸡蛋 / 3个	黄油 / 25克
细砂糖 / 20克	糖粉 / 适量
酸奶 / 75毫升	
红豆粒 / 80克	

步骤1

做法:

1.将芝士放玻璃碗中隔水加热至熔化，取出，用电动搅拌器搅拌均匀。

2.加入细砂糖、黄油、鸡蛋，搅拌匀，倒入低筋面粉，搅拌均匀，放入酸奶、红豆粒，搅拌匀。

3.将材料倒入垫有烘焙纸的烤盘中，用长柄刮刀抹平。

4.将烤箱预热，调成上火180℃、下火180℃，放入烤盘，烤15分钟至熟。

5.取出烤好的蛋糕，将烤盘倒扣在白纸上，取走烤盘，撕去蛋糕底部的烘焙纸。

6.把白纸另一端盖上蛋糕，将其翻面。

7.将蛋糕边缘修整齐，切成长约4厘米、宽约2厘米的块。

8.装入盘中，筛上适量糖粉即可。

步骤2

步骤3

步骤7

营养笔记:
红豆含有的膳食纤维，具有良好的润肠通便、降血压、降血脂、调节血糖、解毒抗癌、健美减肥的作用。

■ 葵花子 ■

葵花子跟大多数坚果食物一样，脂肪含量高，蛋白质含量也比较丰富。其中铁、锌的含量略高于其他坚果。同时葵花子还含有大量的维生素E、叶酸、镁、钾、铜和膳食纤维等许多重要的营养成分。瓜子中的脂肪含量虽高，但以油酸和亚油酸为主，适量的油酸和亚油酸都有降低总胆固醇和"坏胆固醇"的作用，对身体有益。

营养含量分析表 [每100克含量]	
热量	2615千焦
蛋白质	22.6克
脂肪	52.8克
糖类	17.3克
膳食纤维	6.1克
维生素E	26.5毫克
钙	72毫克
锌	5.9毫克

● 选购保存

购买葵花子时，以色泽呈褐灰色、光泽亮滑、饱满、外观为扁长形或椭圆形、无虫蛀的为佳。保存时，干燥的带壳葵花子可用膜袋装好，扎口，置有盖容器内，于通风、干燥处保存；炒熟的葵花子则要注意防潮。

葵花子焗蔬菜

蛋白质 ◆◆◆　钙 ◆◆◆◆　时间：70分钟

材料：〔3人份〕

西蓝花 / 150克	牛奶 / 60毫升
胡萝卜 / 100克	淡奶油 / 60克
黄甜椒 / 100克	意式香草碎 / 适量
西葫芦 / 100克	马苏里拉芝士碎 / 50克
番茄 / 100克	盐 / 少许
葵花子 / 15克	黑胡椒 / 少许
鸡蛋 / 1个	

做法：

1.把西蓝花、胡萝卜、黄甜椒和西葫芦放入加盐的沸水中煮3分钟，捞出沥干备用。

2.把葵花子加入锅内，不加油烘烤片刻，倒入煮过的蔬菜中混合均匀。

3.把鸡蛋、牛奶、淡奶油打匀，加入盐和黑胡椒粉调味。

4.把蔬菜倒入烤箱容器中，撒上意式香草，淋上打匀的奶油酱汁，铺上番茄丁，撒上马苏里拉芝士碎。

5.放入175℃烤箱中烤制40分钟即可。

营养笔记：

葵花子中富含丰富的维生素E，具有抗氧化、抗动脉粥样硬化等作用。葵花子虽营养价值较高，但毕竟其脂肪含量高，能量大，不可过量食用，以免导致肥胖。推荐每日坚果食用量带壳的每天一小把为宜，葵花子也不例外。

■ 杏仁 ■

　　杏仁富含丰富的脂肪、蛋白质、糖类等营养物质。杏仁中的脂肪以单不饱和脂肪酸为主，含量高达71.4%。多不饱和脂肪酸中主要是亚油酸为主。从矿物质角度来看，杏仁富含硒、锌、铁、钙等矿物质元素。其中硒元素含量高于核桃、花生、瓜子等其他常见坚果。其维生素 E、维生素 B_2 含量也极为丰富。

营养含量分析表［每100克含量］	
热量	2418.3千焦
蛋白质	22.5克
脂肪	45.4克
糖类	23.9克
膳食纤维	8克
维生素C	26毫克
钙	97毫克
硒	15.65微克

● 选购保存

　　购买杏仁时，以色泽棕黄、颗粒均匀、无异味者为佳，如果颜色呈青色、表面有干涩皱纹的杏仁则为次品。保存时用密封容器装好，置于阴凉、干燥、通风处。

自制坚果燕麦片

蛋白质 ◆◆◆◆ 钙 ◆◆◆◆ 时间：60分钟

材料：〔3人份〕

即食燕麦片 / 150克　　枸杞干 / 少许
核桃仁 / 60克　　　　　黑加仑 / 少许
大杏仁 / 30克　　　　　桂圆肉干 / 少许
腰果 / 30克　　　　　　炼奶 / 20克
南瓜子 / 30克　　　　　橄榄油 / 30毫升
蔓越莓干 / 少许　　　　蜂蜜 / 30克

做法：

1.将核桃仁切成小粒，备用；将即食燕麦片和核桃仁粒、大杏仁、腰果、南瓜子混合均匀。

2.将橄榄油、蜂蜜、炼奶混合乳化，倒入已混合好的燕麦片及坚果混合物，拌均匀。

3.将上述准备好的材料放入烤盘铺平，以烤箱170℃低温烤制30～35分钟。期间约20分钟时翻动1次。

4.待烤盘出炉后，趁热将蔓越莓干、枸杞干、黑加仑、桂圆肉干拌入，待凉后，装入密封罐中即可。

营养笔记：
腰果中的脂肪成分主要是以不饱和脂肪酸为主，对保护血管、防治心血管疾病大有益处。

■ 板栗 ■

　　板栗虽属于坚果类，但它不像核桃、榛子、杏仁等坚果那样富含油脂，而是淀粉含量高。板栗中还富含丰富的维生素 B_1、维生素 B_2、钾、镁、铁、锌、锰、膳食纤维等营养物质。板栗属于淀粉含量高的一类优质坚果。

营养含量分析表 [每100克含量]	
热量	790.7千焦
蛋白质	4.2克
脂肪	0.7克
糖类	42.2克
膳食纤维	1.7克
维生素A	32微克
胡萝卜素	190微克
钙	17毫克

● 选购保存

购买板栗时，以颗粒饱满、色泽深褐自然、无霉变、无虫害的为佳。板栗风干或晒干后连壳保存比较方便，只需放干燥处防霉变即可。

桂花糖烤栗子

蛋白质 ◆　　钙 ◆　　时间：45分钟 ⏱

材料：〔3人份〕
板栗 / 240 克
桂花蜜 / 40克
白糖 / 20克
食用油 / 适量

做法：
1.用刀在洗净的板栗上斩开一道口子。
2.白糖装碗，倒入少许温水、桂花蜜，搅匀至溶化，制成糖浆，待用。
3.将板栗装入烤盘，刷油后放入烤箱中以上、下火200℃，烤25分钟至七八成熟。
4.拿出烤盘，均匀刷上糖浆，再烤5分钟至熟透入味即可。

营养笔记：
板栗的营养保健价值虽然很高，但也需要食用得法。最好在两餐之间把板栗当成零食，或做在饭菜里吃，而不要饭后大量吃。因为栗子含淀粉较多，饭后吃容易摄入过多的热量，不利于保持体重。此外，板栗吃多了还容易胀肚，建议每天食用不要超过10颗。

207

■ 核桃 ■

核桃是世界"四大"干果之一。核桃富含丰富的蛋白质、脂肪、膳食纤维、维生素 E、钾、锰、钙、硒、锌等营养物质。其中，核桃含有 α－亚麻酸，它能够在身体中被转换为 DHA，而这种成分对婴幼儿大脑发育、老年人延缓大脑衰老等也有着重要意义。同时降低心脑血管疾病的发生。

营养含量分析表 [每100克含量]	
热量	2623.3千焦
蛋白质	14.9克
脂肪	58.8克
糖类	19.1克
膳食纤维	9.5克
烟酸	0.9毫克
钙	56毫克
锌	2.2毫克

● 选购保存

核桃以大而饱满、色泽黄白、油脂丰富、无油臭味且味道清香的为佳。带壳核桃风干后较易保存；核桃仁则应用有盖的容器密封装好，于阴凉、干燥处存放，要注意防潮。

核桃酥

材料：〔6人份〕

低筋面粉 / 500克　　烤核桃仁 / 少许

鸡蛋 / 1个　　　　　鸡蛋黄 / 2个

泡打粉 / 5克　　　　猪油 / 220克

食粉 / 2克　　　　　白糖 / 330克

做法：

1.将低筋面粉、食粉、泡打粉倒入玻璃碗混合。

2.倒入筛网中过筛，撒在案台上，用刮板开窝。

3.放入白糖，打入鸡蛋，轻轻搅拌，使鸡蛋散开。

4.注入少许清水，慢慢地刮入面粉，搅拌至糖分溶化，再放入猪油拌匀，制成面团。

5.把面团搓成长条，分成数段。

6.将鸡蛋黄倒入玻璃碗中，打散、搅匀，制成蛋液。

7.取一段面团，分成数个剂子。

8.揉成中间厚、四周薄的圆形酥皮。

9.逐一按压一个小圆孔，放入烤盘中，刷上蛋液。

10.蛋液较薄的地方再刷上一层蛋液。

11.依次嵌入烤核桃仁，制成生坯，放入烤盘。

12.以上火175℃、下火180℃，烤15分钟即可。

豆腐蛋糕

蛋白质 ◆◆◆◆　　钙 ◆◆◆　　时间：40分钟 ⏱

材料：〔2人份〕

内酯豆腐 / 1块　　　鸡蛋 / 2个
葡萄干 / 20克　　　酸奶 / 15毫升
核桃仁 / 20克　　　白糖 / 10克

做法：

1. 从盒子中取出豆腐，冲一遍水，将豆腐装入碗中。
2. 往装入豆腐的碗中加入酸奶。
3. 打入两个鸡蛋。
4. 将材料一起转入不锈钢盆中，用电动打蛋器搅打均匀。
5. 放入白糖。
6. 倒入葡萄干、核桃仁，搅拌均匀。
7. 再将其倒入可用于烤箱的烤碗里。
8. 将烤碗放入烤箱中，以上、下火200℃烤制15分钟即可。

营养笔记：
豆腐中丰富的大豆磷脂有益于神经、血管和大脑。在健脑的同时，所含的豆固醇还抑制了胆固醇的摄入，对心脑血管方面的疾病起到预防作用。

步骤1

步骤3

步骤6

步骤7

材料：〔3人份〕

玉米淀粉 / 50克　　　细砂糖 / 20克

鸡蛋 / 1个　　　　　黄油 / 8克

低筋面粉 / 45克

核桃仁 / 适量

蛋黄 / 1个

做法：

1.把玉米淀粉、低筋面粉倒在案台上，用刮板开窝，倒入细砂糖、鸡蛋、黄油。

2.混合均匀，按压成纯滑的面团。

3.用保鲜膜包好，放入冰箱冷藏15分钟。

4.从冰箱中取出面团，撕去保鲜膜，用刮板将面团切成小块。

5.用手捏平，放入核桃仁，包好搓成圆球。

6.将脆果子生坯放入烤盘中，刷上蛋黄。

7.将烤盘放入烤箱，以上、下火170℃烤20分钟至熟。